# o livro verde

## the green book

*Pequenos passos que cada um pode dar para salvar o planeta*

Elizabeth Rogers e
Thomas M. Kostigen

Apresentação de Cameron Diaz
e William McDonough

SEXTANTE

Título original: *The Green Book*


*tradução*
Bernardo Araújo

*preparo de originais*
Virginie Leite e Luciano Trigo

*revisão*
Luis Américo Costa, Maria Beatriz Branquinho e Sheila Til

*adaptação de projeto gráfico e diagramação*
DTPhoenix Editorial

*capa*
Miriam Lerner

*impressão e acabamento*
Geográfica e Editora Ltda.

CIP-BRASIL. CATALOGAÇÃO-NA-FONTE
SINDICATO NACIONAL DOS EDITORES DE LIVROS, RJ

---

R631l Rogers, Elizabeth (Elizabeth Kendall), 1965-
O livro verde / Elizabeth Rogers e Thomas M. Kostigen [tradução de Bernardo Araújo]; apresentação Cameron Diaz e William McDonough. – Rio de Janeiro: Sextante, 2009.

Tradução de: The green book
ISBN 978-85-7542-506-0

1. Proteção ambiental – Participação do cidadão. 2. Ambientalismo. I. Kostigen, Thomas. II. Título.

CDD: 333.72
09-3336 CDU: 502.4

---


GMT Editores Ltda.
Rua Voluntários da Pátria, 45 – Gr. 1.404 – Botafogo
22270-000 – Rio de Janeiro – RJ
Tel.: (21) 2538-4100 – Fax: (21) 2286-9244
E-mail: atendimento@esextante.com.br
www.sextante.com.br

Você faz parte de um time inovador. De um time de alta performance. De um time vencedor, que é reconhecido pela sua alta qualidade nos quatro cantos do planeta. Você faz parte do time da Volkswagen, formado por pessoas cada vez mais sensíveis diante da preservação do meio ambiente.

Mas, para preservar nossa natureza e garantir a vida das próximas gerações, precisamos mais do que dar as mãos. Precisamos estendê-las àqueles que sequer conseguem ter uma vida digna. Afinal, o meio ambiente não é apenas o ar que respiramos, a água que bebemos, a natureza que nos alimenta. Ele é nosso meio de vida. E existe muita gente neste "meio". Foi com o intuito de envolver cada vez mais o seu time em ações de preservação do meio ambiente e de cidadania que a Volkswagen do Brasil criou o projeto "Vida Sustentável".

Este exemplar de O meu livro verde é uma das primeiras iniciativas do "Vida Sustentável". Escrito por duas autoridades no assunto, Elizabeth Rogers e Thomas M. Kostigen, a obra vai ajudá-lo a transformar a sua vida e a de todos. Nas páginas deste livro você encontrará centenas de dicas práticas e fáceis para aplicar os cinco R's de proteção ao meio ambiente e, por consequência, ao ser humano: Reduzir o consumo, Reutilizar, Reciclar, Reeducar e Repensar os hábitos. Um pequeno gesto aqui e agora certamente ajudará alguém, em algum lugar do planeta, hoje e amanhã, a viver melhor.

Boa leitura!

Thomas Schmall
Presidente

Dr. Josef-Fidelis Senn
Vice-Presidente de Recursos Humanos

Volkswagen do Brasil

# Sumário

# Nota do editor

A preocupação com o futuro do planeta vem se traduzindo numa vasta produção de artigos, livros e documentários sobre os mais variados aspectos da questão ecológica. Sempre em busca de temas que despertem o interesse do leitor e contribuam para seu bem--estar e qualidade de vida, a Sextante passou a garimpar títulos relevantes sobre a preservação ambiental. Foi assim que **O livro verde** chegou às nossas mãos.

Grande aposta no mercado americano, o livro encantou editores por sua proposta simples e prática: cada um de nós pode contribuir para a salvação do planeta com pequenas mudanças de hábito.

Apesar de sua mensagem universal, havia uma questão que precisava ser avaliada antes de nos decidirmos pela publicação da obra no Brasil: os exemplos e as estatísticas usados para ilustrar o desperdício de energia, água e outros recursos naturais se baseiam na realidade norte-americana.

Entretanto, por sua abordagem inspiradora e sua contribuição valiosa, este livro provou ser uma fonte de consulta fundamental para todos aqueles que buscam construir um mundo melhor, com hábitos ecologicamente corretos.

Para reduzir o impacto ambiental da impressão, optamos por usar o papel Reciclato®, produzido pela Suzano Papel e Celulose, 100% reciclado e certificado pelo FSC, o Conselho de Manejo Florestal. A certificação pelo FSC é a garantia de que a extração da matéria-prima segue uma rígida política de manejo florestal visando à preservação da mata nativa e ao respeito às comunidades locais.

A gráfica escolhida para a impressão de **O livro verde** foi a Geográfica, primeira empresa do ramo na América do Sul a conquistar o selo FSC.

Esperamos que essas escolhas tenham um impacto positivo no futuro de todos nós.

FSC
www.fsc.org
MISTO
Papel proveniente de fontes responsáveis
Papel procedente de fuentes responsables
Paper from responsible sources
FSC® C019498

A marca FSC é a garantia de que a madeira utilizada na fabricação do papel interno deste livro provém de florestas de origem controlada e que foram gerenciadas de maneira ambientalmente correta, socialmente justa e economicamente viável.

# Prefácio

Como crianças de 3 anos, vivemos perguntando "Por quê?". Por que precisamos apagar as luzes em casa? Por que devemos reciclar? Por que devemos ser ecologicamente corretos e nos importar com o que faz diferença? Por que os ambientalistas nos dão informações confusas, que não levam em conta a nossa vida real? Por que as fraldas vão acabar destruindo o mundo?

Com certeza, existem boas respostas para todas essas questões. Por isso, saímos à procura de pistas na internet da relação entre o que fazemos e as consequências de nossos atos – tentando descobrir a conexão entre o uso de pauzinhos de comida japonesa e o desmatamento, e por aí vai. Mas não conseguimos encontrar muitas explicações sobre a diferença que uma ação individual pode fazer, pelo menos nenhuma que nos satisfizesse.

Quando nos damos ao trabalho de separar o lixo orgânico do material reciclável ou fechamos a torneira enquanto escovamos os dentes, percebemos que somos bons cidadãos, só estamos um pouco mal-acostumados. Mas o que aconteceria se déssemos um passo à frente e oferecêssemos às pessoas novas escolhas e explicações para o que fazem: por exemplo, por que a classificação do lixo pode ter um impacto positivo no mundo?

Nos anos 1970, um comercial de TV se tornou famoso nos Estados Unidos ao mostrar um índio chorando diante de um monte de lixo no acostamento de uma estrada. Desde então, jamais se fez uma campanha que falasse de causa e efeito de uma maneira facilmente compreensível. Foi por isso que criamos **O livro verde**. Ele aborda as questões ecológicas de um modo diferente, de um ponto de vista básico: o que fazemos e o que isso provoca. E tenta responder a todas as perguntas que conseguimos formular sobre a importância de nossas atitudes para o planeta.

O que não fizemos foi escrever mais um livro chato e pesado, como já existem muitos por aí. Em vez disso, tentamos criar soluções acessíveis e fáceis de entender. Nenhum de nós mora numa árvore ou pedala uma bicicleta estacionária dentro de um armário para gerar eletricidade para nossas casas. Apostamos que você também não.

Este livro nasceu do nosso desejo de ser ambientalmente amigáveis, sem deixarmos de ser, no fundo, consumidores egoístas. Achamos que as pessoas estavam esperando por esse tipo de perspectiva. Por isso aqui estão, em um só lugar, muitas respostas para a pergunta "Por quê?".

# O básico

**O livro verde** é um ponto de partida para qualquer pessoa que queira se tornar ambientalmente amigável, por isso gostaríamos de apresentar alguns conceitos básicos e uma terminologia específica da área ambiental. Esmiuçamos soluções para explicar como o lixo, a água, a energia e o tempo podem ser economizados. Esses são os grandes temas que vamos analisar porque envolvem muitas questões. Acreditamos que a economia desses recursos pode gerar um impacto positivo mensurável no nosso planeta.

Seguem algumas definições e explicações de itens importantes que aparecerão ao longo do texto.

## Água

Apenas 3% da água da Terra é doce; a água restante é salgada.

*Isso é importante porque:* o fornecimento de água potável está se tornando cada vez mais difícil. Apenas 20% da população da Terra tem água corrente, e mais de 1 bilhão de pessoas não possuem acesso a água limpa.

## Aquecimento global

O aquecimento global, também chamado de mudança climática, acontece quando a temperatura da Terra começa a subir.

*Isso é importante porque:* o aquecimento global pode fazer com que o nível dos mares suba, provocar maior intensidade de chuvas e gerar mudanças climáticas (extremos de temperaturas, ocorrência de secas, inundações e furacões), aumentando a chance de doenças se espalharem de forma mais rápida pelo planeta.

## Aterros e lixões

Muita gente acha que aterro sanitário é apenas um nome simpático para lixão, mas existem diferenças entre eles.

O aterro sanitário é um processo de disposição de resíduos sólidos no solo, baseado em critérios de engenharia e normas operacionais que visam evitar danos à saúde pública e à segurança, minimizando o impacto sobre o meio ambiente.

Já os lixões não seguem nenhuma norma de controle. O lixo é disposto de qualquer maneira e sem nenhum tratamento, o que acaba causando problemas ambientais.

*Isso é importante porque:* os lixões não apenas ocupam espaço que poderia ser preservado na sua forma natural ou usado para outros propósitos, como também podem poluir o ar e a água do ambiente onde estão localizados.

## Lixo

Lixo é tudo o que não queremos.

*Isso é importante porque:* parte do lixo pode ser recuperada e reciclada. Alguns tipos de lixo são biodegradáveis, o que significa que "naturalmente" se degradam no planeta. Mas outros se acumulam permanentemente – e a Terra pode ficar coberta de lixo, se não tratarmos essa questão de maneira adequada.

## Lixo eletrônico

Lixo eletrônico consiste em qualquer aparelho eletrônico jogado fora.

*Isso é importante porque:* equipamentos eletrônicos contêm peças feitas de elementos tóxicos que precisam de cuidados especiais ao serem descartados. Caso contrário, produtos químicos podem vazar em lençóis de água subterrâneos ou poluir o ar se forem incinerados.

## Papel

O papel é feito basicamente de celulose, extraída das árvores, e de água.

*Isso é importante porque:* o papel gera um grande desperdício de recursos. Boa parte dele pode ser reciclada, mesmo assim, é necessário gastar mais energia para reprocessá-lo. Usar menos papel significa economizar energia, árvores, água e os produtos químicos utilizados no processo de manufatura. A preservação das árvores é vital porque elas evitam a erosão do solo e absorvem o gás carbônico do ar e o transformam no oxigênio que respiramos.

## Plástico

O plástico existe em muitas formas diferentes e normalmente é feito de material sintético, à base de petróleo.

*Isso é importante porque:* alguns plásticos, como o chamado policloreto de vinila, ou PVC, são mais prejudiciais ao meio ambiente do que outros por serem compostos de material mais tóxico. Assim, se forem descartados em lixões, podem poluir o solo e a água. E, se forem queimados, podem liberar vapores tóxicos.

## Poluição

Poluição é a degradação do ecossistema provocada pelo lançamento de substâncias nocivas no meio ambiente.

*Isso é importante porque:* a poluição pode infectar a água, o ar e o solo. Poluentes podem causar doenças e até matar.

## Quilowatt-hora

É a unidade de energia normalmente encontrada em sua conta de luz, que indica quanta força você está usando – além, claro, de dizer quanto custa essa força. Normalmente, os kWh são usados para medir o consumo de eletricidade.

*Isso é importante porque:* o carvão é uma das principais fontes primárias de geração de energia elétrica do mundo. O carvão é queimado para gerar o vapor que faz funcionar os geradores que criam eletricidade. Assim, quanto mais kWh são consumidos, mais carvão deve ser queimado – e a combustão do carvão é uma grande fonte de poluição nociva e de emissões de carbono que podem levar ao aquecimento global.

Existem outras sistemas de geração de energia que, em vez de carvão, usam água, vento ou outros recursos. No Brasil, por exemplo, as usinas hidrelétricas são responsáveis pela maior parte da produção de energia.

## Reciclagem

A reciclagem evita o desperdício de materiais, ao aproveitá-los no reprocessamento de novos itens. Materiais reciclados "pré-consumidor" normalmente são feitos a partir de sobras de produtos. Materiais reciclados "pós-consumidor" são feitos de itens já usados e reprocessados.

*Isso é importante porque:* a reciclagem evita que se usem novas matérias-primas na confecção de produtos; assim se economizam recursos naturais. A reciclagem também implica a economia de energia, porque reduz a necessidade de se fabricarem novos produtos.

## Recursos renováveis

Recursos renováveis são aqueles que se regeneram, como o vento, a água, as árvores e a luz do sol.

*Isso é importante porque:* recursos renováveis não correm o risco de acabar para sempre. O que pode acontecer é usarmos suas reservas num ritmo mais rápido do que eles são capazes de se regenerar.

## Recursos não renováveis

Recursos não renováveis são aqueles que têm um fornecimento mais limitado, como petróleo, gás natural e carvão.

*Isso é importante porque:* recursos não renováveis não são sustentáveis, o que significa que podemos acabar ficando sem eles; isso nos obrigaria a buscar substitutos ou soluções alternativas.

# Apresentação

Num dia quente com uma leve brisa em Los Angeles, o premiado arquiteto William McDonough, conhecido internacionalmente como um expoente em desenvolvimento sustentável e eleito "Herói do Planeta" pela revista *Time*, foi até a casa de Cameron Diaz para conversar sobre este livro, o despertar verde dos dois e a visão comum deles sobre o mundo.

**William McDonough:** "Nasci em Tóquio. Durante a minha infância, lembro-me de deitar num futon e ouvir às duas da madrugada as carroças que vinham recolher a sujeira das latrinas e depois partiam para as fazendas. A cidade inteira vibrava com aqueles veículos que, na manhã seguinte, voltavam com o café da manhã: tofu. Eu pensava: 'O lixo vai, a comida vem.' Era assim que o mundo funcionava: o lixo ia, a comida vinha.

Então fui para Hong Kong. De certa forma, era viver no futuro, porque eu morava num lugar com 6 milhões de pessoas em 1.040km$^2$. Na metade do século XXI, 80% da população do mundo viverá em megacidades. Hong Kong era a megacidade do futuro. Lá, as pessoas morriam de todo tipo de doença – e de fome. Era terrível. Isso foi logo depois da tomada do poder na China pelos comunistas, e todos os refugiados tinham ido para Hong Kong. Só tínhamos quatro horas de fornecimento de água a cada quatro dias. Por isso, a ideia de economizar água não é estranha para mim. Para escovar os dentes, você usava um copo d'água – e ele tinha que durar quatro dias.

Passei a infância inteira assim. Meus avós moravam numa cabana de madeira em Puget Sound e criavam ostras, reciclavam o lixo para usá-lo como adubo e guardavam legumes para o inverno. Depois fui para Westport, Connecticut, onde estudei numa escola pública e tudo era muito americano. Fiquei estupefato. Os rapazes deixavam os chuveiros abertos no ginásio – água quente – e simplesmente iam embora. Não estavam nem aí. Nunca vi tanto desperdício em toda a minha vida. Isso fazia de mim um desajustado, porque eu corria pelos vestiários fechando a água. Eles me achavam um pouco esquisito.

Quando fui para a Universidade Yale – comecei lá em 1973, na graduação de Arquitetura –, veio a primeira crise do petróleo. De repente, tivemos que pensar: 'Bem, temos que lidar com isso.'"

**Cameron Diaz:** "Minha avó plantava hortaliças e criava vacas no quintal. Isso acontecia aqui mesmo, no vale de San Fernando, perto de Glendale, Califórnia. Era uma época diferente, com uma mentalidade diferente. Foi lá que ela criou seus quatro filhos mais velhos.

Eu via minha avó reutilizar papel-alumínio e sacos plásticos. Quando acabava o pão de forma, ela guardava o saco e o aproveitava de alguma forma. Ela fazia sabão com a gordura que pingava da carne que cozinhava. Nada era jogado fora. Tudo era reutilizado e reciclado. Tive esse bom exemplo.

Não acho que exista um exemplo assim para a geração atual. Minha avó vivia uma existência realmente sustentável. Tudo o que tirava da terra, ela devolvia. Tudo o que devolvia, ela tirava novamente. Era um ciclo contínuo. Eu testemunhei aquilo e fui muito influenciada. Minha mãe foi criada assim e repassou essa experiência para mim. Nós temos que dar o exemplo agora.

Não entrei antes no movimento ambientalista porque realmente não me relacionava com o que era dito nem com a forma como era dito. Sou uma americana egoísta. Não quero desistir de tudo. Mas, ao mesmo tempo, descobri que já estava fazendo o básico – reciclagem, compostagem, economia de energia. Eu tentava alcançar esses objetivos, sem saber que faziam parte do movimento ecológico. Então passei a prestar mais atenção no que era dito, procurando uma porta de entrada. Queria fazer mais do que estava fazendo sozinha. Queria ajudar os outros a fazer mais.

Bill me inspirou por ser uma pessoa criativa. Não que suas ideias sejam tão avançadas que não dê para absorvê-las. Todas fazem sentido para mim. O foco não é tornar as pessoas menos malvadas. Ninguém quer levar uma palmada, mas todo mundo deseja ser produtivo. É assim que funciona, é o que faz as pessoas reagirem. A ideia não é cortar tudo, mas criar algo melhor. Foi isso que achei inspirador e que me levou ao movimento ambientalista. Ninguém tem todas as respostas à mão. No entanto, cada dia chegamos mais perto de outra resposta. Pode não ser a solução para todos os problemas, porque isso não existe. Não existe uma única coisa que todos possamos fazer que vá melhorar tudo. O importante é fazer as melhores escolhas de acordo com as possibilidades.

Veja quanto tempo foi necessário para criar o que temos hoje, e tudo o que fizemos em matéria de eficiência, produção e qualidade. Estamos indo bem. Estamos num bom lugar, numa época legal de se viver. Podemos pensar numa maneira de manter nosso estilo de vida e a saúde do planeta, se fizermos tudo certo. É o que eu quero. Não tenho a menor intenção de andar por aí descalça, empurrando meu carro, como Barney, dos Flintstones. Não quero voltar à Idade da Pedra. Só quero manter o que temos por muito tempo – para sempre. Não seria ótimo? Sou muito egoísta."

**William McDonough:** "O mundo frequentemente vê o ambientalismo ou a consciência ecológica como o ato de ser menos mau. Mas não é isso, é o ato de ser melhor. Acho que essa é a diferença. Quando de repente percebemos que temos que nos tornar uma força criativa e não uma força menos destrutiva, é uma grande revelação."

**Cameron Diaz:** "É uma enorme revelação. E isso é realmente inspirador.

Essa é a ordem natural. Já éramos uma sociedade bem-sucedida antes de começarmos a construir coisas e usar os recursos da maneira como fazemos hoje. Os seres humanos existiam neste planeta em harmonia e equilíbrio. Havia um toma lá dá cá entre nós e a natureza. Precisamos prestar atenção no nosso modo de vida e no que estamos fazendo com os recursos naturais.

Mas, se pensarmos que vamos perder alguma coisa, ser privados do que queremos, então ninguém vai ter vontade de participar. A ideia é conseguirmos tudo o que desejamos, mas da maneira certa – como você disse, de um jeito melhor e não menos ruim."

**William McDonough:** "O importante é dividir e ter o suficiente para dividir. Deveríamos celebrar a abundância, e não viver preocupados com limites. No livro *Cradle to cradle: remaking the way we make things* (Do berço ao berço: refazendo a maneira como fazemos as coisas), Michael Braungart e eu não estamos olhando para o mundo e dizendo: "Oh, não, tudo está acabando!" Olhamos para ele e perguntamos se somos capazes de reinventar tudo o que criamos com produtos renováveis e limpos. Assim, poderíamos celebrar a abundância, em vez de ficarmos apavorados pensando no que fazer se tudo acabar."

**Cameron Diaz:** "E como podemos chegar a esse ponto? Para mim, essa é a parte criativa."

**William McDonough:** "Uma das características importantes deste livro é que ele não prega: 'Apague as lâmpadas' ou 'Você não precisa de secretária eletrônica. Use o correio de voz'. Não diz: 'Viva sem isso ou aquilo, corte isso ou aquilo.' O tom é mais do tipo: 'Não é maravilhoso que o correio de voz funcione muito bem, tornando obsoleto mais um aparelho eletrônico?' É uma maneira interessante de ver as coisas. Em vez de dizer o que as pessoas *têm que* fazer (ou seja, em vez de dar uma ordem ou instrução), devemos falar sobre o que elas *podem* fazer (ação criativa)."

**Cameron Diaz:** "É muito empolgante ter um livro como este, no qual você percebe o que *pode* fazer, em vez de se fixar no que *deveria* ter feito. É bom pensar que existe uma opção, algo que podemos tentar mudando nossos hábitos no dia a dia."

1

# Casa

## Sua casa é onde está o seu coração – mas e todo o resto?

### QUADRO GERAL

Existem cerca de 1,6 bilhão de lares no mundo, 100 milhões apenas nos Estados Unidos. A sua casa é onde você passa a maior parte do tempo. É lá que você usa mais energia e água e onde produz mais lixo.

Em média, você gera 2kg de lixo todos os dias. Ao longo da sua vida, serão 600 vezes o seu peso médio na idade adulta... em lixo! Fazendo uma analogia, seu tronco seria de papel. Uma perna seria de folhas e lixo de jardim, a outra de restos de comida. Um braço seria de plástico, com uma mão de borracha. O outro de metal, com uma mão de madeira. Sua cabeça seria de vidro, e seu pescoço de vários outros materiais. No final, todos deixamos um legado de 40 toneladas de lixo para os nossos netos.

Mas não é com o lixo que provocamos maior impacto no planeta: os americanos usam no mínimo o dobro de água e de energia por pessoa em comparação com qualquer outro povo do mundo. Esses são problemas graves, se considerarmos que esses recursos estão escasseando.

Até 2025, o mundo precisa aumentar seu fornecimento de água em 22% para satisfazer a demanda. Enquanto isso, 40% da água potável levada aos lares desce pelo vaso sanitário.

A energia, por sua vez, está sendo usada principalmente no aquecimento e nos aparelhos de ar condicionado das casas.

Levando em consideração o "Quadro geral", criamos os "Passos simples", que permitem que você tenha um impacto mais positivo sobre o planeta com o menor esforço possível.

## Passos simples

1. **Tome um banho mais curto.** Cada dois minutos que você economiza em seu banho de chuveiro podem poupar cerca de 40 litros de água. E isso é cumulativo: se todos no país economizassem apenas 4 litros em seu banho diário, no final de um ano a água fresca economizada equivaleria a duas vezes o volume retirado diariamente dos Grandes Lagos – que são a maior fonte de água fresca do mundo.
2. **Regule o termostato um grau acima do que costuma usar no ar-condicionado e um grau abaixo no aquecimento.** Assim você conseguirá economizar US$100 por ano em suas contas. Se todos os lares americanos ajustassem a temperatura desses aparelhos, poderíamos economizar mais de US$10 bilhões por ano em energia.
3. **Recicle**. Se todos simplesmente separassem o papel, o plástico, o vidro e o alumínio e os jogassem numa lata de reciclagem, reduziríamos em 75% a quantidade de lixo mandada para os lixões.

## PEQUENAS COISAS

### Na cozinha

#### Compostagem

É o processo biológico em que os microrganismos transformam matéria orgânica, como estrume, folhas, papel e restos de comida, num material semelhante ao solo, chamado composto, que pode ser utilizado como adubo. Guarde os restos de frutas, vegetais e pó de café numa lata de compostagem ou num pote. Tente jogá-los no jardim ou criar um centro de compostagem no quintal. Você vai ter um jardim melhor e um solo mais fértil, além de reciclar nutrientes e economizar espaço nos lixões e aterros sanitários. Se, ao longo de um ano, todos nos Estados Unidos usassem seus restos de comida em compostagem, em vez de jogá-los fora, o lixo orgânico que não iria para os lixões formaria uma pilha de 1 metro cobrindo toda a cidade de São Francisco.

#### Desperdício de comida

Quando cozinhar, tente evitar o desperdício usando os ingredientes perecíveis dentro do prazo de validade, medindo com cuidado as quantidades e guardando restos para refeições futuras, em vez de jogá-los fora. Se você conseguir reduzir a quantidade de comida desperdiçada na sua casa em 25g por dia (o peso de uma fatia de pão de forma), economizará 9kg de comida por ano – o suficiente para 16 refeições. Se todos os lares americanos reduzissem o desperdício de comida nessa quantidade, a economia seria suficiente para fornecer três refeições ao dia por um ano para 1,35 milhão de crianças que não têm onde morar no país.

#### Filtros de água

Se você quer ter certeza de estar usando água limpa na sua casa, instale um filtro, em vez de comprar água engarrafada – você fará uma boa economia e ajudará a preservar o meio ambiente. Cerca de 1,5 milhão de toneladas de plástico são usadas no engarrafamento de 89 bilhões de litros de água a cada ano. É plástico suficiente para fazer dois filtros de água para cada lar no planeta. Um bilhão de pessoas ao redor do mundo não têm acesso a água limpa para beber.

### Forno e fogão

Se você for assar, grelhar ou cozinhar um prato que ficará no forno por uma hora ou mais, não se preocupe em preaquecer o forno. Mesmo para pães e bolos, jamais preaqueça por mais de 10 minutos. Se você reduzir o tempo que seu forno fica ligado, fará uma boa economia. Outra dica é usar panelas com tamanho adequado para a boca do seu fogão.

### Geladeira

Tire a cabeça de dentro da geladeira e feche a porta! A geladeira é o eletrodoméstico que mais consome energia na cozinha, e o ato de abrir a porta representa uma boa parcela da conta de luz anual de uma família. O uso mais eficiente do refrigerador durante um ano representaria uma economia de energia que seria suficiente para iluminar todas as casas americanas por mais de quatro meses e meio, continuamente.

### Lava-louça

Preencha todos os espaços da sua lavadora de louça para economizar energia e não pré-enxágue os pratos antes de colocá-los lá. Faça as duas coisas e você economizará até 75 litros de água por lavagem, ou 28 mil litros por ano. É a quantidade de água que uma pessoa bebe ao longo de toda a vida. Se tiver que lavar a louça manualmente, feche a torneira enquanto esfrega.

### Micro-ondas

Mantenha seu forno de micro-ondas limpo para obter o máximo dele. Isso significa menor consumo de energia, menor gasto de dinheiro e menos tempo de cozimento. Fornos de micro-ondas são entre 3,5 e 4,8 vezes mais eficientes no uso de energia do que fornos elétricos tradicionais. Ou seja, se cozinhar algo no micro-ondas custa 10 centavos, custaria 48 centavos no forno tradicional. Se todos nos Estados Unidos cozinhassem exclusivamente no micro-ondas por um ano, seria possível economizar a mesma quantidade de energia que o continente africano consome durante o mesmo período.

### Potes de armazenamento

Em vez de usar plástico, guarde sua comida em potes de vidro ou de porcelana. Assim é mais difícil que elementos químicos do pote se misturem à comida. Produtos químicos que saem do plástico para a comida, e desta para o corpo, podem ser prejudiciais à saúde.

### Sacos de lixo

Reaproveite sacolas de papel ou sacos plásticos para forrar suas latas de lixo. Você economizará dinheiro e perderá menos tempo no supermercado. O custo médio de 20 sacos de lixo de cozinha é de R$15. Quando 1 tonelada de sacos plásticos é reutilizada, a energia equivalente a 11 barris de petróleo é economizada. Quando 1 tonelada de sacolas de papel é reutilizada, 17 árvores são salvas.

## No banheiro

### Banheira

Quando for usar a banheira, coloque a tampa no ralo antes de abrir a água. Você economizará tempo e dinheiro. As torneiras de banheira despejam, em média, de 10 a 20 litros de água por minuto. Quatro litros a menos de água gastos por dia por pessoa nos Estados Unidos representam mais de 400 bilhões de litros por ano. Mais do que o volume de água da chuva que cai em Lloró, na Colômbia (o lugar onde mais chove no mundo), em uma semana.

### Cortinas de chuveiro

Evite usar cortinas de plástico no chuveiro, e você evitará que vinis plásticos artificiais cheguem aos lixões. O lixo de PVC plástico chega a 1,23 milhão de toneladas por ano, e nenhuma parte dele é reciclável.

### Escovando os dentes

Feche a torneira enquanto escova os dentes. Você economizará cerca de 20 litros de água por dia. No país inteiro, a economia poderia chegar a 6 bilhões de litros – mais água do que se consome por dia em Nova York.

### Fazendo a barba

Para evitar desperdícios, escove os dentes enquanto espera a água esquentar para se barbear. Você pode economizar tempo e poupar na conta de água, consumindo menos 6.900 litros por ano.

### Vaso sanitário

Tente apertar a descarga menos uma vez por dia, e você economizará cerca de 12 litros de água – a mesma quantidade que uma pessoa na África usa em um dia inteiro, para beber, cozinhar, tomar banho e limpar a casa.

## Na sala

### Catálogos telefônicos

Recicle-os.

*Melhor ainda:* Peça para pararem de entregar os catálogos de papel e use a versão on-line para consultar as informações que desejar.

Catálogos telefônicos compõem quase 10% do lixo enviado para os depósitos.

### Correspondência inútil

Recicle as cartas inúteis. O lixo postal deve ser jogado na lata de reciclagem, em vez de seguir para o lixo comum. Se todos os americanos reciclassem seu lixo postal, US$370 milhões seriam economizados por ano.

### Cortinas/persianas

Feche as cortinas quando estiver calor no verão ou frio no inverno e você poderá reduzir seu consumo de energia em 25%. Se todos os lares no país usassem cortinas e persianas para auxiliar no isolamento do ambiente e no controle da temperatura, a energia economizada anualmente seria o equivalente ao que o Japão gasta em um ano.

### Fósforos x isqueiros

Quando for escolher entre fósforos e isqueiros, prefira os fósforos. No caso dos isqueiros, tanto a embalagem plástica quanto o fluido de butano são derivados do petróleo – e, como a maioria é descartável, mais de 1,5 bilhão de isqueiros vão parar em lixões, aterros sanitários ou incineradores todos os anos. Entre fósforos de madeira e de papelão, fique com os de papelão. Fósforos de madeira vêm de árvores, enquanto os de papelão em geral são feitos de papel reciclado. Se todos os cigarros fumados diariamente no mundo fossem acesos com fósforos de papelão, 5,5 milhões de árvores seriam salvas por ano.

### Lâmpadas

Limpe suas lâmpadas e, quando elas queimarem, troque-as por fluorescentes. Você vai aumentar a luminosidade e reduzir o consumo de energia, além de ajudar a melhorar a qualidade do ar – já que a geração de eletricidade causa poluição. Se todos os lares americanos substituíssem apenas cinco lâmpadas convencionais por fluorescentes compactas, evitaríamos que mais de meio bilhão de toneladas de gases do efeito estufa fossem parar no ar – o mesmo que a emissão de 8 milhões de carros.

### Lareira

Se você mora num clima frio, mantenha a chaminé de sua lareira fechada, a não ser que o fogo esteja aceso. Uma chaminé aberta pode deixar escapar 8% do aquecimento da casa. No verão, o ar fresco é que foge.

## Utilidades domésticas

### Aquecedor de água

Envolva seu aquecedor de água num cobertor isolante para conservar o calor. Depois, acerte o termostato em 50 graus, no máximo. Você pode economizar 25% da energia usada na sua casa com essas mudanças. Se todos fizessem isso, os lares americanos poderiam poupar mais de US$32 bilhões em energia por ano.

### Ar-condicionado

Em vez de substituir os filtros de ar descartáveis do seu ar-condicionado várias vezes por ano, pense em comprar um que possa ser lavado e reutilizado indefinidamente. A maior parte desses filtros tem garantia vitalícia, então você economizará dinheiro a longo prazo, além de reduzir a quantidade de lixo que manda para os depósitos.

### Lavadora

Programe ciclos de lavagem com água morna e enxágue a frio e poupe 90% da energia que gastaria se usasse somente água quente. Juntos, todos os lares americanos poderiam economizar a energia equivalente a 100 mil barris de petróleo por dia, bastando trocar os ciclos de quente-quente para morno-frio.

### Lavagem a seco

Diminua a frequência com que leva suas roupas para lavar a seco. Você vai economizar tempo e contribuir para a redução do número de sacolas e embalagens de plástico usadas para guardar as peças.

*Melhor ainda:* não peça sacolas plásticas e devolva os cabides da tinturaria para serem reaproveitados. Você também pode optar pela lavagem molhada, que usa sabão biodegradável, ou escolher lavanderias ambientalmente conscientes.

### Secadora

Limpe o filtro de ar de sua secadora, e não a superlote de roupas. Você economizará até 5% na conta de luz. Se todos fizessem isso, pouparíamos a energia equivalente a 1,3 bilhão de litros de gasolina por ano.

*Melhor ainda:* Use um varal sempre que possível.

## Na garagem

### Aquecendo o carro

Limite o tempo que você deixa o motor de seu carro ligado na garagem. Um carro ligado e parado emite 20 vezes mais poluição do que um que viaja a 50km/h. Existem 65 milhões de casas com garagens nos Estados Unidos. Se 10% dos motoristas levassem menos cinco minutos por dia para aquecer seus carros, a economia total seria de 320 milhões de litros de gasolina por ano, suficiente para 1 milhão de pessoas atravessarem o país num carro de tamanho médio.

### Lavando o carro

Lavar o seu carro num posto é melhor para o meio ambiente do que lavá-lo você mesmo. Lava a jatos comerciais não apenas usam muito menos água por lavagem – até 400 litros a menos – como também costumam reutilizar e reciclar a água. Se todos os americanos que atualmente lavam seus carros em casa escolhessem ir a um lava a jato, até 33 bilhões de litros de água poderiam ser poupados. Além disso, cerca de 45 bilhões de litros de água suja de sabão não iriam parar nos rios, lagos e córregos.

## No jardim

### Cuidados com o gramado

Não é preciso exagerar no corte da grama e no tratamento do jardim. Mantenha seu gramado com 5cm de altura e não se preocupe em recolher as aparas. Você vai passar menos tempo cortando e varrendo, além de não ter que regar a grama com tanta frequência. Essas mudanças também propiciam a redução do uso de produtos químicos que, misturados à água, podem prejudicar peixes e pássaros locais.

### Iluminação externa

Desligue as luzes externas quando elas não forem necessárias. Se possível, use timers ou sensores de movimento.

### Irrigadores

Tente usar seus irrigadores de manhã cedo ou no começo da noite. O gramado precisa, em média, de apenas uma hora de água por semana. No verão, o uso de água nos jardins corresponde a 40% das contas de água.

*Melhor ainda:* para flores e jardins, use irrigação por meio de canos com pequenos furos e mangueiras em vez de irrigadores normais. Você pode economizar até 70% da água que usa normalmente, porque a evaporação será mínima e apenas a base das plantas receberá água, em vez das folhas e galhos.

### Mangueiras

Equipe a mangueira do seu jardim com uma trava automática, para evitar desperdício de água quando a torneira estiver aberta e a mangueira não estiver sendo usada. Você poupará até 25 litros de água por minuto. Se apenas 10% dos lares americanos instalassem travas em suas mangueiras, e a redução no uso da água fosse de apenas 30 segundos por semana, a água poupada encheria 128 mil banheiras por dia.

### Piscina

Cubra sua piscina quando ela não estiver sendo usada, e você vai diminuir a perda de água por evaporação em 90%. Uma piscina de tamanho médio, exposta ao sol e ao vento, perde aproximadamente 3.800 litros de água por mês – o suficiente para matar a sede de uma família de quatro pessoas por aproximadamente um ano e meio.

### Sensor de chuva

Pense em instalar um sensor de chuva para desligar seu irrigador automático durante e depois de chuvas. Dependendo do clima na sua cidade, o consumo de água (e a conta correspondente) pode ser reduzido em até 30% por ano.

"Vivemos num mundo em que se consegue qualquer coisa a qualquer hora em qualquer lugar. E quanto mais rápido, melhor. Quer telefonar para alguém? Discagem rápida. Quer mandar um cartão de agradecimento? E-mail. Quer ir à loja da esquina? Entre no carro. Nosso mundo se tornou tão conveniente que estamos ficando mal-acostumados.

As pessoas compram água engarrafada, mas não se preocupam em separar as embalagens para reciclagem. É enfurecedor. Sei que é mais rápido jogá-las no lixo comum. Mas, se você vai comprar água engarrafada individualmente para sua conveniência, pelo menos se dê ao trabalho de colocar a garrafa na lata certa. É uma pequena atitude que faz muita diferença.

As pessoas não percebem como pequenos passos podem mudar o mundo para melhor. Eis algo que eu não sabia: eu pensava que todo o óleo nos oceanos vinha de vazamentos de navios. Não vem. Aprendi que 90 milhões dos 110 milhões de litros de óleo que vazam por ano para os oceanos da América do Norte são fruto de atividades humanas. Que loucura! Eu geralmente uso óleo em colheres de sobremesa. O que acontece é que jogamos óleo de cozinha nas nossas pias e lavamos a graxa de nossos carros com mangueiras, deixando a água escorrer pelos bueiros, que levam tudo para o mar.

Podemos consertar isso. Coloque seu óleo de cozinha usado num recipiente e depois jogue-o fora com o lixo. Use panos absorventes quando for limpar o carro e, se resolver trocar por conta própria o óleo do carro, leve o usado para um centro de reciclagem.”

**Ellen DeGeneres,**
atriz, comediante e apresentadora de TV

2

# Entretenimento

## Sexo, drogas, rock'n'roll e reciclagem

### QUADRO GERAL

Divertir-se corresponde a toneladas de lixo. Literalmente. Embalagens vazias e guimbas de cigarros são bons lembretes desse problema. Mais de 80 bilhões de latas e garrafas vazias que poderiam ser recicladas estão espalhadas por aí, como lixo. Trilhões de guimbas de cigarro emporcalham o planeta. E, mesmo que você não se divirta como um astro do rock, o lixo de uma boa farra pode se acumular.

Todos os anos, 2 milhões de livros, 350 milhões de revistas e 24 bilhões de jornais são jogados fora. E você pensava que ninguém lia mais! É bem verdade que os jornais podem estar seguindo o mesmo caminho das fitas cassete, mas a nova tecnologia não está ajudando a eliminar velhos hábitos. Cem mil CDs são jogados fora por mês, assim como 5,5 milhões de embalagens de programas de computador. É o suficiente para fazer até Bill Gates derramar uma lágrima.

Mas o principal problema enfrentado pela indústria do entretenimento é a energia. Os espetáculos ao vivo consomem muita eletricidade com iluminação, som amplificado e telões de vídeo. Mas não é só isso. Praticamente tudo o que se relaciona a assistir e ouvir precisa de watts. Um evento ao vivo pode gastar tanta eletricidade em poucas horas quanto 700 lares gastam durante um ano inteiro.

Até isso, no entanto, é pouco em comparação com o que está no topo da montanha de lixo eletrônico: pilhas e baterias. Uma pessoa adquire em média duas baterias pequenas e 10 pilhas comuns por ano, jogando oito delas fora. Cerca de 3 bilhões de baterias são vendidas anualmente nos Estados Unidos, uma média de 32 por família ou 10 por pessoa. Quase tantas baterias são jogadas fora quanto são compradas, todos os anos. O problema não é só o desperdício, mas também o mercúrio, o chumbo e outros produtos químicos tóxicos contidos nas baterias. Considerando que o lixo mais perigoso é incinerado, bem, você não precisa ser químico para concluir que se está criando muita poluição.

A água também acaba secando quando se fala de entretenimento. São necessários 5.700 litros de água para fazer o mais básico dos lanches: hambúrguer, batatas fritas e refrigerante. Isso inclui a água usada para irrigar as plantações de batatas e de trigo e aplacar a sede do gado, sem falar na que entra na fabricação do refrigerante.

Glup!

## Passos simples

1. **Use menos guardanapos de papel em todo lugar.** Ninguém precisa pegar uma pilha enorme de guardanapos, quando sabe que vai usar apenas um ou dois. Cada americano consome por ano uma média de 2.200 guardanapos comuns, o equivalente a seis deles por dia. Se todos usassem um guardanapo a menos por dia, mais de 450 mil toneladas de guardanapos seriam poupadas por ano. Uma pilha de guardanapos da altura do Empire State Building.

2. **Compre pilhas recarregáveis.** Você economizará dinheiro a longo prazo. Uma única pilha recarregável pode substituir até mil pilhas alcalinas descartáveis. Os americanos jogam fora aproximadamente 179 mil toneladas de pilhas por ano.

3. **Beba água comum quando for jantar fora.** Além de economizar, você vai ajudar a evitar o desperdício de plástico: 60 milhões de garrafas plásticas de água são jogadas fora por dia no país.

## PEQUENAS COISAS

### Câmeras de vídeo

Venda, doe ou recicle sua câmera, em vez de jogá-la fora. As pessoas jogam fora cerca de 400 milhões de aparelhos eletrônicos por ano. O lixo eletrônico é o segmento que mais cresce entre as diversas categorias de lixo classificadas pelas prefeituras.

### CDs

Baixe músicas da internet em vez de comprar CDs na loja. Você pode comprar somente as músicas de que gosta mais e fazer uma boa economia e, mesmo que faça o download do álbum inteiro, sairá mais barato. A cada mês, mais de 45 toneladas de CDs datados ou indesejados tornam-se obsoletas e acabam nos lixões.

### Convites

Use convites eletrônicos ou escolha papel reciclado, sem cloro, para os convites de suas festas. Convites on-line eliminam os custos de papelaria e de correio. O papel reciclado custa mais ou menos o mesmo que o papel feito de fibra básica. Um melhor uso do papel poderia reduzir o consumo de madeira no mundo de 50 a 80%.

## Discos

Cerca de 1 milhão de LPs de vinil ainda são vendidos por ano nos Estados Unidos. Então, em vez de jogar seus velhos discos no lixo, você pode tentar vendê-los. Eles também podem ir para a lata de reciclagem, mas reciclar consume muito mais energia do que ir até à loja de discos usados mais próxima.

## DVDs

Alugue DVDs em vez de comprá-los. Dependendo de quantas vezes assistir a cada um deles, você pode economizar dinheiro. Cem mil DVDs e CDs são jogados fora todos os meses. Se você tem DVDs e quer se desfazer deles, doe-os a uma biblioteca ou sebo local, ou procure um centro de reciclagem de DVDs.

## Ingressos

Compre seus bilhetes para filmes e shows pela internet ou por telefone e imprima-os em casa. Você poupará tempo e papel. Ingressos impressos em casa usam papel ofício normal, que é mais fácil de reciclar do que o papel usado em cinemas e casas de espetáculos. Cerca de 1,4 bilhão de ingressos para cinema são vendidos no país anualmente – e quase todos acabam no lixo.

## Jornais

Assine e recicle o seu jornal. Assinantes economizam até 30% em relação ao preço de capa do jornal, além de poupar a ida ao jornaleiro. A cada ano, 10 milhões de toneladas de jornais são jogadas nos lixões sem ser recicladas. Se metade disso fosse reciclada, 75 milhões de árvores seriam poupadas.

## Livros

Use a biblioteca ou compre livros de segunda mão. Empreste os que você tem para seus amigos e doe os que não quer mais, em vez de jogá-los fora. Cerca de 3 bilhões de livros novos são vendidos todos os anos, provocando a derrubada de 400 mil árvores.

## Louça e talheres

Use pratos de porcelana, talheres de prata ou inox e copos de vidro – nada de plástico e papel. A cada ano, 40 bilhões de utensílios de plástico são jogados em lixões no país. Usar sua própria louça, copos e talheres sai muito mais barato do que pagar por pratos, garfos, facas e copos descartáveis.

## Papel de embrulho

Pare de comprar papéis de presente. Reutilize papéis e laços de fita ou use outros tipos de papel, como jornais velhos ou revistas. Se cada família reaproveitasse 60cm de fita em seus embrulhos de Natal por ano, 61.000km de fita seriam poupados. O suficiente para dar um laçarote ao redor do planeta.

## Pipoca

Divida sua pipoca quando for ao cinema, em vez de comprar vários sacos. Você poupará dinheiro e embalagens. Atualmente, os americanos consomem 17 bilhões de sacos de pipoca por ano (54 por pessoa), 30% dos quais em cinemas, eventos esportivos, parques de diversões e outros centros de recreação. Se metade das pessoas dividisse sua pipoca nesses eventos, seria poupado o papel de embalagem para 2,5 bilhões de sacos de pipoca.

## Refrigerantes

Se puder escolher, compre refrigerante de máquina, em copo de papel, em vez de comprar as versões em lata ou garrafa de plástico. Você reduzirá o desperdício de latas de alumínio e garrafas plásticas.

## Restaurantes

Leve para casa o que não for comer e peça para colocarem na menor embalagem possível. Dê para seu cachorro ou faça a compostagem e use como fertilizante para seu jardim. Doze por cento dos lixões são compostos de restos de comida, e um quarto da comida produzida nos Estados Unidos é desperdiçado.

## Revistas

Se você assinar suas revistas favoritas, em vez de comprá-las na banca, terá o conforto de recebê-las em casa e poderá economizar até 35% sobre o preço de capa. Nos Estados Unidos, 60% das revistas que vão para as bancas não são vendidas e acabam indo para o lixo – um desperdício de tempo, dinheiro e energia.

## Televisões

Tire sua televisão da tomada quando ela não estiver sendo usada. Você poupará dinheiro e energia. Mesmo quando o botão está na posição "desligado", o aparelho continua consumindo de 10 a 15% de energia. As televisões são responsáveis por mais de 10% do valor nas contas de luz dos americanos. Se todos desplugassem seus aparelhos quando não estivessem em uso, economizaríamos mais de US$1 bilhão por ano em contas de luz.

## Tocadores de MP3

Recicle ou devolva ao fabricante seus velhos tocadores de MP3. Algumas companhias dão aos clientes até 10% de desconto na compra seguinte, quando eles devolvem os aparelhos. Cerca de 40% do chumbo nos lixões americanos é proveniente de lixo eletrônico mal descartado, o que pode gerar poluição tóxica do ar e da água. Por isso, não deixe de procurar um coletor de lixo eletrônico ou um serviço de reciclagem.

"Houve uma época em que aqueles que se preocupavam com o meio ambiente eram chamados de ecochatos, cabeças de granola ou abraçadores de árvores e tratados como birutas. Agora eles são considerados visionários.

Quando eu era pequeno, senti o poder da natureza, crescendo numa Los Angeles cheia de pomares de laranjas, com muito espaço verde, ar puro e vida. No verão, eu trabalhava no Parque Nacional Yosemite, e sua beleza me fascinava. Eu sempre quis resguardar a agradável sensação que tinha ao estar junto à natureza e o conforto e a inspiração que vinham dela, talvez por ter testemunhado a transformação de Los Angeles, o asfaltamento de suas ruas e a fumaça escura que tomou conta da cidade.

Mas a verdade é que eu acabei entrando para a militância por acaso, como acontece com muita gente. O governo tinha um projeto de construir uma autoestrada de seis pistas em meu quintal, cortando um cânion virgem de Utah e arruinando-o para sempre, acabando com o equilíbrio dos ecossistemas, poluindo tudo, inclusive o ar que meus filhos respirariam e a água que eles beberiam. Então, dei o braço aos ativistas locais para lutar contra isso. Conseguimos conter essa ação (pelo menos, até hoje) e demos início a uma batalha que já dura 40 anos para tentar fazer a diferença em relação ao futuro do planeta.

Não importa seu partido político, pois questões como a degradação do meio ambiente e o aquecimento global afetam todo mundo da mesma maneira. Mas é claro que a política sempre entra nessa equação. Quem elegemos, em todos os níveis, sempre tem planos para o meio ambiente. O sistema político às vezes é irritantemente burocrático, engessado, e as barreiras podem parecer intransponíveis. Mas então aparecem pequenos bolsões de inspiração, que lentamente se unem construindo uma força coletiva que pode, de repente, permitir uma mudança tremenda.

O que sempre me deu esperança é que pequenos passos podem provocar grandes mudanças. Cada questão pode ser levada para dentro de nossa casa e de nossa comunidade, e agiremos de acordo com as soluções disponíveis. Quando há um número significativo de pessoas envolvidas, as pequenas coisas contam tanto quanto as grandes. E existe algo muito positivo, muito democrático, na luta por um interesse comum. A maneira como tratamos o planeta diz muito sobre nós como sociedade, sobre o nosso espírito e a nossa força como nação. Estou muito otimista, achando que nós, o povo, vamos mudar a maré.

É por isso que este livro é tão importante. E é aí que você entra.

É o seu futuro.”

**Robert Redford,**
ator e diretor

3

# Viagens

## As férias em família que acabaram com o planeta

### QUADRO GERAL

O turismo é a terceira indústria mais lucrativa nos Estados Unidos, depois da venda de automóveis e das cadeias de lanchonetes. É uma indústria de US$1,3 trilhão. Isso significa que as pessoas gastam, em média, US$3,4 bilhões por dia em serviços e produtos ligados a viagens. Diariamente, cerca de 30 mil voos comerciais decolam e 2,6 milhões de quartos de hotel são ocupados. Quase todos nos Estados Unidos – 91% dos adultos – viajam de férias por, em média, 13 dias por ano, fugindo de suas rotinas. Quinze por cento dos viajantes americanos usam avião (96% em voos domésticos), 82% viajam de carro e 3% de ônibus, trem ou barco.

Toda essa movimentação provoca um enorme consumo de energia. É o preço mais caro que se paga por tanta diversão. E por tanto trabalho também, pois as viagens de negócios representam uma grande fatia do bolo da aviação comercial.

O fato é que as viagens de avião estão se tornando as maiores geradoras de gases do efeito estufa, que podem levar ao aquecimento global. Nunca se viajou tanto. Cerca de 750 milhões de pessoas voam pelos Estados Unidos por ano. Isso lança toxinas na atmosfera em altitudes elevadas, o que pode ser mais prejudicial ao ar e à camada de ozônio que as emissões de gás no nível do solo.

Além disso, o turismo gera outros danos ao meio ambiente. As pessoas de férias desperdiçam rios de água, por exemplo. A indústria do turismo usa 360 bilhões de litros de água por ano, 4% do consumo total nos Estados Unidos.

Mas os problemas não param por aí. Oceanos, lagos, rios e mangues são usados com frequência para recreação – e, quando os turistas passeiam de barco, nadam, andam de caiaque ou mergulham, podem desequilibrar os ecossistemas, jogando lixo, poluindo ou pisando em habitats aquáticos frágeis, como corais.

O mesmo pode acontecer em escaladas. Um ou dois turistas podem não causar prejuízos visíveis, mas centenas, ao longo do tempo, podem ser responsáveis por danos substanciais em áreas naturais, além de afetar as cadeias alimentares e a vida selvagem. Isso é importante, já que acampar é a principal atividade ao ar livre dos americanos.

## Passos simples

1. **Use as mesmas roupas de cama e toalhas enquanto estiver num hotel.** Você provavelmente não troca lençóis e toalhas diariamente em casa, então por que fazê-lo quando está viajando?

Um quarto de hotel consome, em média, mais de 800 litros de água por dia, o mesmo que uma casa inteira no mesmo espaço de tempo. Uma redução no consumo de água na lavagem de toalhas e roupas de cama pode representar uma economia de 40% para um hotel.

2. **Viaje em grupo.** Coloque quatro pessoas num carro em vez de duas, e dobre a eficiência do combustível.

3. **Faça malas leves.** Cada 4kg adicionais de bagagem por passageiro provocam o consumo de 1,3 bilhão de litros de combustível a mais por ano, o que, no total, é suficiente para manter um avião 747 voando continuamente por 10 anos.

## PEQUENAS COISAS

### Planejando as férias

#### Artigos de higiene

Leve seu próprio xampu, sabonete e pasta de dentes, em vez de usar aqueles oferecidos pela maioria dos hotéis. Você usará o produto de sua preferência, em vez de algum gel com cheiro estranho, e produzirá menos lixo plástico. Um único hotel de 300 quartos em Las Vegas usa mais de 150 mil frascos de xampu por ano.

#### Bilhetes

Use e-tickets em vez de bilhetes de papel nas viagens aéreas. As companhias aéreas poupariam até US$3 bilhões por ano se eliminassem todas as passagens de papel. Com o papel economizado, daria para confeccionar cartões de embarque para toda a população da Índia.

#### Câmera

Use uma máquina fotográfica digital em vez de uma que utilize filme. Cerca de 686 milhões de rolos de filme são revelados todos os anos, e os produtos químicos usados na impressão contêm substâncias perigosas, que precisam de tratamento e armazenagem especiais.

Evite usar câmeras descartáveis. Embora haja informações nas embalagens de que elas são recicláveis, mais da metade acaba no lixo.

## Cruzeiros

Experimente um cruzeiro a vela, ecologicamente consciente, em vez de férias em um transatlântico. Os cruzeiros a vela levam menos passageiros e não danificam portos e mares da mesma forma que os transatlânticos, que derramam óleo e esgoto provocando danos ao habitat dos peixes. Aproximadamente 12 milhões de pessoas participam de cruzeiros todos os anos, a maioria da América do Norte, que usa cerca de 170 navios. Um único navio consume milhares de litros de combustível – por hora.

## Ecoturismo

Experimente o ecoturismo, que enfoca as culturas locais e promove a consciência ambiental. Você terá uma perspectiva diferente e economizará dinheiro. O ecoturismo o levará a lugares mais vazios e menos degradados. Ele chama a atenção para áreas ecologicamente sensíveis e injeta aproximadamente US$250 bilhões por ano nas economias de países em desenvolvimento.

## Etiquetas de bagagem

Use a etiqueta que veio com sua mala. Você economizará tempo ao fazer o check-in no aeroporto, além de papel. Se todos os viajantes americanos parassem de usar novas etiquetas de papel em cada uma de suas viagens, 60 milhões de folhas de papel seriam poupadas por ano.

## Guias

Faça pesquisas para a sua viagem na internet e imprima apenas as páginas de que vá realmente precisar. Você economizará tempo, dinheiro e papel. Cerca de 1 milhão de guias são impressos anualmente, mas apenas 18% reciclados, o que significa que mais de 800 mil vão parar no lixo todos os anos.

## Hotéis

Pense em conhecer hotéis ecologicamente conscientes. Eles oferecem preços que competem com os dos hotéis tradicionais, mas têm serviços e programas que conservam água e energia. Você vai dormir melhor sabendo que está colaborando para uma economia de 20% de água e 40% de energia em relação a um hotel convencional.

## Mapas

Use mapas digitais em vez dos de papel, ou um GPS, um sistema de navegação por satélite. Mapas on-line são gratuitos e, se você tiver que imprimi-los em casa, será mais fácil reciclá-los depois. Já o papel usado em mapas tradicionais é especialmente difícil – às vezes, impossível – de se reciclar por causa da tinta usada. Se você tem mapas antigos em casa, use-os para embrulhar presentes, em vez de simplesmente jogá-los fora.

## Temporada

Tente viajar na baixa temporada. Isso pode reduzir os custos da viagem em até 40%, e você evitará multidões e filas nos lugares e atrações que visitar. Se for a grandes cidades e pontos turísticos muito procurados, criará menos impacto, ao reduzir o tráfego humano em áreas urbanas e, assim, a emissão de gás carbônico. Quando há menos pessoas em um lugar, o engarrafamento é menor.

## Viagem de aventura

Noventa e oito milhões de pessoas escalaram, fizeram longos percursos de bicicleta, praticaram *rafting* em rios ou andaram de caiaque em todo o planeta. Viagens de aventura levam os participantes a conhecer novas culturas e ambientes, tornando-os mais conscientes e respeitosos em relação à natureza.

## Saindo de casa

### Correspondência

Suspenda a entrega de correspondência enquanto estiver viajando. Você economizará o trabalho do correio e dos amigos que recolhem as cartas para você. Como o correio americano entrega aproximadamente 212 bilhões de cartas, folhetos, jornais, revistas e encomendas por ano, cada centavo poupado representa uma economia de milhões.

### Eletrodomésticos

Tire seus aparelhos da tomada, sempre que possível, ao sair de casa. Os consumidores residenciais nos Estados Unidos gastam mais de US$5 bilhões em eletricidade por mantê-los em stand-by – cerca de 5% da energia consumida no país.

### Jornais

Suspenda a entrega do seu jornal enquanto viaja. Muitos jornais dão ao assinante o crédito pelos dias em que o serviço é suspenso. Assim você poupará dinheiro e evitará mandar mais papel para os lixões. Cerca de 30% dos jornais são jogados fora junto com o lixo comum, sem serem reciclados.

### Luzes

Use timers em suas luzes em vez de deixar a varanda acesa. Se todas as famílias americanas usassem um timer por 12 horas diárias, em vez de deixar as lâmpadas acesas 24 horas quando viajassem de férias, poderíamos economizar US$187 milhões em energia!

### Persianas e cortinas

Feche-as quando sair de casa. Dependendo da época do ano, cortinas fechadas vão conservar o calor no interior da casa ou mantê-la fresca. Assim, você pode reduzir seu gasto em energia em até 25%.

## Chegando lá

### Bagagem

Se possível, leve apenas uma mala de mão e ganhe tempo no aeroporto. O passageiro de avião espera, em média, 20 a 30 minutos por sua bagagem na esteira. As esteiras funcionam com motores elétricos, e esse tipo de motor é responsável por 70% do uso de energia industrial. Malas de mão podem reduzir essa sangria.

### Check-in

Tente fazê-lo você mesmo e use bilhetes impressos em casa. O autocheck-in economiza US$1 bilhão por ano para as companhias aéreas, e você ganha tempo evitando a fila. Cinquenta e nove por cento das pessoas fazem o check-in no balcão da companhia, que demora em média 19 minutos; 18% usam um quiosque de autocheck-in, que leva 8 minutos; 10% usam o check-in alternativo, que demora 13 minutos; e 5% dos passageiros obtêm seu cartão de embarque pela internet, o que lhes permite ir diretamente ao portão de embarque. Além disso, imprimir os bilhetes em casa significa que você pode usar papel reciclado. Os cartões de papelão entregues no embarque são quase sempre mais difíceis de reciclar, por causa da tinta usada e, em alguns casos, por causa das tarjas magnéticas.

### Serviço de carros híbridos

Nos países onde já houver esse serviço, dê preferência aos táxis híbridos. Os carros híbridos são uma combinação de carro elétrico com carro a gasolina ou a diesel. Se toda a frota de táxis de Nova

York fosse convertida para veículos híbridos, o resultado em termos de redução de gases tóxicos seria o equivalente a retirar 24 mil automóveis das ruas.

### Transporte

Divida um táxi, ou outro meio de transporte, com alguém. Você ajudará a reduzir a poluição e o tráfego. As companhias aéreas transportam cerca de 750 milhões de passageiros por ano nos Estados Unidos, e todos precisam chegar e sair dos aeroportos em cada trecho da viagem. Se 10% a mais das pessoas pudessem dividir uma corrida de US$30 com alguém na mesma situação, a economia anual seria de mais de US$1 bilhão.

## No hotel

### Lavando roupa

Espere até voltar para casa para lavar sua roupa. É muito mais barato. Você pagará caro pelas peças de roupa que mandar para a lavanderia do hotel. A indústria hoteleira usa 64 mil litros de água por quarto por ano. Um hotel médio, de 150 quartos, gasta tanta água por semana quanto 100 famílias em um ano.

### Luzes

Desligue-as quando sair do quarto. Setenta e cinco por cento da eletricidade usada em um quarto de hotel é consumida quando as luzes do banheiro ficam acesas por mais de duas horas – ou seja, quando o banheiro está vazio!

### Tomadas/adaptadores

Tire seus adaptadores da tomada quando estiver viajando. Tomadas e adaptadores muitas vezes não têm exatamente a mesma voltagem, e a energia pode "vazar", desperdiçando 5 a 15% da energia usada.

## Excursões e passeios

### Aluguel de carros

Experimente alugar um modelo mais econômico ou, se possível, um carro flex, tecnologia que foi desenvolvida pela Volkswagen e lançada em 2003. Hoje, a frota brasileira ultrapassa a casa de 9 milhões de veículos flex (ANFAVEA). Um carro bicombustível permite que o consumidor escolha o que for mais barato na hora de encher o tanque: gasolina ou etanol. Conforme o local, a economia de um carro flex pode ser superior a 10%.

### Atrações

Procure lugares que não sejam muito badalados, lotados ou que não fiquem em áreas ambientalmente sensíveis. Multidões de turistas em áreas densamente povoadas podem levar a um aumento da poluição da água, do lixo, de barulho e de emissões de gás por veículos. O Coliseu, em Roma, foi parcialmente destruído por causa do aumento da poluição do ar provocado pelo trânsito e pelo turismo.

### Garrafas de água

Use uma garrafa térmica ou um cantil ou reutilize uma garrafa comum de água quando viajar. Um americano médio bebe 250ml de água engarrafada por dia. Lembrando que o plástico é derivado do petróleo, são necessários 1,5 milhão de barris anuais para satisfazer a demanda por água engarrafada dos americanos. Se esse petróleo fosse transformado em gasolina, daria para abastecer 500 mil picapes e fazer viagens de costa a costa nos Estados Unidos.

### Lembranças

Compre lembranças de fabricantes locais, em vez de bugigangas feitas sabe-se lá onde. Ajuda a sustentar as economias dos lugares que você está visitando.

### Trilhas

Não saia das trilhas quando for caminhar ou escalar. Em habitats delicados, muitas pessoas transitando podem facilmente provocar a destruição da vegetação e o deslizamento de rochas.

"Duas atividades na minha vida me dão uma alegria sem fim. Dirigir meu carro elétrico e ir até o depósito de lixo tóxico.

Para começar, dirigir um carro elétrico não poderia ser mais divertido. As pessoas constantemente vêm me fazer perguntas. Como é dirigir um desses? Ótimo, surpreendentemente ágil. Como funciona? Você o carrega em casa, com um carregador que faz seu trabalho à noite. Qual a sua autonomia? Posso dirigir até 130km com uma carga, o que significa que, quando estou rodando apenas na cidade, dá para ficar uma semana inteira até precisar recarregá-lo. Se eu emagrecer, consigo dirigir ainda mais! Na verdade, sempre digo às pessoas que, se elas dirigissem um carro como esse, jamais iam querer dirigir outro. Ele não polui, é silencioso e, como o custo da eletricidade é baixo, dá para entender por que a indústria parou de fabricar e começou a destruir esses carros. Mas eles não têm como conter a maré. Os carros elétricos vão voltar e, se você tiver uma chance, compre um. Ele faz seu coração sorrir enquanto você dirige.

Agora, quando chego ao depósito de lixo tóxico com meu carro elétrico... Não há nada mais empolgante do que tirar da minha garagem restos de tinta velha, pilhas e baterias usadas, aparelhos eletrônicos e equipamentos antigos e colocar tudo em meu carro elétrico. É uma grande sensação que temos, como família, a de que não estamos levando nenhum desses objetos a um lixão. Que eles estão sendo jogados fora da maneira certa. Você chega à estação de coleta e nem precisa sair do carro! O pessoal que trabalha lá pede que você abra o porta-malas e faz o resto.

É curioso como pequenas coisas e atitudes, somadas, resultam em grandes ações."

**Will Ferrell,**
ator e comediante

# 4

# Comunicação/Tecnologia

## Não posso ficar nem mais um minuto com você, porque tenho que ligar, mandar torpedos, conversar por mensagens instantâneas e e-mail o dia todo

### QUADRO GERAL

Preste atenção. A revolução da comunicação está enchendo o mundo de aparelhos. Você consegue sinal de celular no meio da África e pode mandar e-mails para os amigos de seu laptop enquanto sobrevoa o oceano Atlântico. A tecnologia é ótima, mas ela traz consigo um preço: o lixo eletrônico, ou e-waste.

Esse é o tipo de lixo que mais cresce em todo o mundo. E não se trata de lixo "bom". Monitores de computador contêm chumbo; baterias, lítio. Além disso, há o zinco, o mercúrio e o cobre, que integram os circuitos das máquinas de hoje em dia. Quando queimado, esse material envenena o ar que respiramos. Quando empilhado, as toxinas vazam para o chão e contaminam o solo e os lençóis subterrâneos.

O problema é enorme.

Cerca de 130 milhões de telefones celulares são jogados fora todos os anos. Logo, haverá tantos descartados quantos são comprados por ano. Considerando que existem cerca de 2 bilhões de celulares no planeta, são muitas telinhas. Agora some 50 milhões de monitores de computador e você tem uma pilha maior que a distância até o satélite mais afastado na órbita da Terra.

Isso tudo sem contar os aparelhos de fax antigos e empoeirados, assim como os computadores e telefones celulares guardados nos armários e garagens das pessoas. Segundo estimativas, existem outros 2 bilhões de aparelhos eletrônicos que ainda vão chegar às latas de lixo.

Não que seja permitido jogar esse tipo de aparelho no lixo comum. Muitos estados americanos têm leis que obrigam as pessoas a descartar computadores, televisores, telefones celulares e outros aparelhos eletrônicos como lixo tóxico, usando empresas de coleta especial. Na Europa, certos tipos de aparelho não podem nem ser vendidos.

Infelizmente, o último repouso de muitos aparelhos que vão para o lixo é o Terceiro Mundo – lugares como a Índia e a África. Mas isso apenas muda o fardo de lugar. Nesses lugares, os perigos do lixo eletrônico são exacerbados, porque material tóxico é frequentemente incinerado, empesteando o ar com fumaça tóxica.

Terrível.

Existem problemas assim, que você não consegue ver, por todos os cantos do mundo eletrônico: suas fontes de energia sugam eletricidade durante todo o tempo em que estão conectadas. Até seu e-mail usa energia que você não consegue ver.

O que é plenamente visível, no entanto, é quanto a comunicação e a tecnologia invadiram a nossa vida. O lar americano médio tem 24 aparelhos diferentes – computadores, telefones celulares, televisões, DVDs, secretárias eletrônicas, impressoras, etc.

## Passos simples

1. **Recicle seu telefone celular.** Doe seu telefone a uma instituição de caridade ou venda-o a um reciclador. Você pode conseguir algum dinheiro. Menos de 1% dos celulares é reciclado atualmente, e existem 500 milhões de celulares fora de uso nos Estados Unidos!

2. **Tire da tomada.** Dez por cento da energia da sua casa é consumida por aparelhos eletrônicos e de comunicação – quando estão desligados! Se todos os lares americanos tirassem seus computadores e carregadores de celular das tomadas quando não estivessem sendo usados, seriam poupados mais de US$100 milhões – o suficiente para fornecer serviços de saúde para todas as crianças pobres de menos de 5 anos do estado da Califórnia.

3. **Baixe seus programas.** A maior parte dos softwares vem em CDs, e mais de 30 bilhões de discos de todos os tipos são vendidos anualmente, o suficiente para embrulhar a Terra. São cinco CDs produzidos para cada pessoa no planeta. Com mais de 1 bilhão de compact discs sendo jogados fora todos os anos, forma-se uma montanha gigantesca de lixo, sem mencionar as embalagens. A maior parte dos programas pode ser baixada da internet.

## PEQUENAS COISAS

### Computadores

Verifique as opções de gerenciamento de energia no painel de controle do seu computador. Você pode economizar US$75 por ano apenas habilitando o modo de economia de energia em seus monitores e CPUs.

## Digitalize

Quando precisar de um aparelho novo, compre um digital. Telefones celulares e televisões serão obrigatoriamente digitais no futuro, tornando obsoletos todos os televisores que dependem de antenas, sem um conversor ou decodificador digital. Ainda existem, nos Estados Unidos, 20 milhões de lares com TVs analógicas, que mais cedo ou mais tarde irão parar nos lixões.

## Discos

Use discos Blu-ray, se puder. O formato tem uma capacidade de armazenamento mais de cinco vezes maior que a dos CDs tradicionais. Os discos Blu-ray são 50% feitos de papel, o que torna possível sua trituração, tornando-os mais fáceis de descartar e reciclar do que os CDs tradicionais.

## Filtros de linha inteligentes

Tente usar filtros de linha inteligentes, que desligam automaticamente quando os aparelhos que eles alimentam são desligados, gerando uma economia de 4kWh por dia. Se todos os lares americanos usassem fontes mais eficientes, poderíamos economizar eletricidade para suprir 40 mil casas por ano.

## Fones de ouvido

Tente não usar fones de ouvido sem fio com seu telefone celular. Eles demandam baterias. Mais de 350 milhões de toneladas de pequenas baterias são vendidas todos os anos. Elas contêm mercúrio, chumbo e zinco, que podem poluir o ar e a água se não forem descartados adequadamente. Nunca jogue baterias e pilhas fora junto com o lixo comum. Sempre as leve para um lugar adequado ao descarte de lixo tóxico.

## Fontes de energia

Desligue seus filtros de linha quando não estiverem em uso. Isso economizaria cerca de US$1 bilhão por ano em energia.

## Internet rápida

Tente usar um acesso mais rápido à internet para economizar tempo, dinheiro e energia. Usuários de banda larga, em média, realizam 50% mais tarefas do que os que usam acesso discado. Tomando como base um dia de trabalho, você pode economizar mais de US$30 por ano em eletricidade, aumentando a eficiência da sua internet e desligando o seu computador quando ele não estiver em uso.

## Pagers

Não os jogue simplesmente no lixo. Tente reutilizar as pilhas em aparelhos como relógios ou controles remotos. Mais de 45 milhões de pessoas tinham pagers em 1998, antes de a maioria trocá-los por telefones celulares. Isso significa que 90 milhões de pilhas (os pagers usam duas) poderiam ser salvas e usadas para se zapear na televisão.

## Palmtops

Escolha aqueles que têm restrições no uso de materiais tóxicos. Cerca de 10 milhões de palms são vendidos anualmente nos Estados Unidos (sem incluir os smart phones). As mesmas questões dos telefones celulares se aplicam a eles. O chumbo que os aparelhos contêm pode vazar dos lixões e contaminar a água subterrânea. Se os aparelhos forem triturados e queimados, eles liberam gases tóxicos. O descarte adequado do seu palm e de outros aparelhos eletrônicos pode ajudar a reduzir a concentração de lixo tóxico levado aos aterros. Atualmente, 40% do chumbo e 70% dos metais pesados presentes em lixões são atribuídos ao lixo eletrônico.

### Secretárias eletrônicas

Use correio eletrônico no lugar delas. Secretárias eletrônicas demandam energia o tempo todo. Quando param de funcionar, tornam-se lixo tóxico. Se todas as secretárias eletrônicas das casas americanas fossem eventualmente substituídas por correio eletrônico, a economia anual de energia seria de cerca de 2 bilhões de kWh. A redução na poluição do ar relacionada a essa queda no uso de energia seria equivalente a tirar 250 mil carros da rua por um ano.

### Torpedos

Se puder, mande uma mensagem de texto ou um e-mail de um palmtop ou telefone celular em vez de usar o computador, especialmente quando for um recado rápido, de uma linha. Você economizará tempo e conservará energia. Comparados a um torpedo, e-mails e mensagens de computador usam 30 vezes mais eletricidade por cada mensagem.

### Uso da eletricidade

Use aparelhos menores, que demandem menos energia, como laptops. Hoje em dia, muitos laptops são mais baratos do que desktops e usam muito menos energia: mais de 50% a menos. Se cada usuário americano de computador usasse um laptop, seriam poupados cerca de US$2,5 bilhões em energia.

“É importante que o mundo saiba algumas coisas... Como o tempo que eu levo para tomar um banho. Sério. Tomo uma ducha de três minutos. São três minutos ou o menor tempo possível, mas por um bom motivo. Eu até escovo os dentes durante o banho. Faço isso porque descobri que cada dois minutos de banho equivalem à quantidade de água que uma pessoa na África usa durante um dia inteiro em sua vida – para beber, tomar banho, cozinhar, limpar... tudo! Quando você toma conhecimento de tudo o que faz e do que essas coisas provocam, acaba querendo mudar algumas atitudes. É assim com a água. Agora você sabe por que eu escovo os dentes e tomo banho ao mesmo tempo. Quando descobri que o carregador do meu telefone celular usa energia quando está plugado na tomada, mesmo sem o telefone ligado nele, então comecei a tirá-lo da tomada. Quando descobri que poderia usar menos gasolina e obter um melhor rendimento com um carro híbrido, comprei um.

A base de tudo é o conhecimento, a consciência e a disposição de mudar seus hábitos. Quando você é criança, sua mãe lhe diz para arrumar o quarto e apagar a luz. Então você a escuta e obedece. Bem, às vezes. Isso se torna um hábito, algo que você faz sem pensar. Obviamente, quando aprendo algo novo que faz sentido, é benéfico ao meio ambiente e que posso adotar em meu dia a dia, eu tento incorporar à minha rotina, e esse hábito se torna automático. Se todos começarmos a aprender uns com os outros e compartilharmos as coisas que fazemos, podemos acabar melhorando o mundo por meio desses rituais simples. De uma forma curiosa, seria uma grande onda de conscientização: fazer o que é certo sem que alguém mandasse e sem ter que pensar por quê.”

**Jennifer Aniston,**
atriz

5

# Na escola

## Não devemos jogar fora bons pensamentos, e sim pensar bem naquilo que jogamos fora

### QUADRO GERAL

Existem 75,5 milhões de estudantes nos Estados Unidos, e o lixo gerado por eles é algo que deve ser examinado à parte.

Faculdades e universidades americanas criam aproximadamente 3,6 milhões de toneladas de lixo por ano, ou cerca de 2% do lixo total do país. Some a isso o lixo das escolas de nível médio e fundamental e até dos jardins de infância, e você terá uma equação problemática.

Quase metade do lixo escolar é composta de papel: para escrever, para desenhar, para tirar xerox, fazer provas e testes – papel e mais papel. Parte é reciclada, mas parte não é. Mais da metade desse papel vai para o lixo comum.

Também há um enorme desperdício de comida nas escolas. Muitas refeições vão para o lixo. Uma única escola de ensino fundamental joga fora 8.500kg de comida por ano. Por outro lado, seria melhor se as crianças comessem menos. A taxa de obesidade infantil mais que dobrou desde 1970 entre crianças de 2 a 5 anos e entre adolescentes de 12 a 19 anos. E mais que triplicou entre crianças de 6 a 11 anos.

Cerca de 9 milhões de crianças acima de 6 anos são consideradas obesas. Os adolescentes não ficam por menos: 23% dizem que comem bastante junk food numa semana normal; 61% comem um pouco; 14% quase não comem e 2% não comem nunca essas comidas gordurosas e artificiais típicas da idade. Agora o que é prejudicial ao meio ambiente é que 67% dos garotos compram comida ou refrigerantes das máquinas da escola. Isso significa mais embalagens e mais desperdício.

Obviamente, é preciso que se ensinem novos hábitos aos estudantes. Mas algumas coisas estão fora do controle deles, como a maneira como as salas são aquecidas, refrigeradas ou iluminadas. As escolas americanas gastam mais de US$6 bilhões em energia por ano, com 25%, ou US$1,5 bilhão, desperdiçados por uso ineficiente da eletricidade. Esse dinheiro seria suficiente para contratar 30 mil professores.

Economizar energia não é algo complexo... É simples como apagar a luz.

## Passos simples

1. **Leve um lanche de casa e evite criar lixo.** Elimine os sacos plásticos, os utensílios de plástico, os recipientes descartáveis e os guardanapos de papel. Em vez disso, leve uma lancheira, garrafas e recipientes reutilizáveis, guardanapos de pano e talheres de inox. Você pode fazer uma boa economia e produzir menos lixo.
2. **Vá a pé para a escola.** Apenas 31% das crianças que moram num raio de 3km da escola caminham até lá. Metade dos alunos vai de carro. Se apenas 6% dos estudantes que vão

de carro andassem, 1,5 milhão de pequenas viagens – e 230 mil litros de gasolina – seriam economizados por dia!

3. **Use os dois lados das folhas de papel e recicle.** O papel é a maior fonte de desperdício nas escolas. Cada tonelada, ou 220 mil folhas, de papel reciclado salva aproximadamente 17 árvores. Em média, uma escola joga fora 38 toneladas de papel por ano, mais de 8 milhões de folhas!

## PEQUENAS COISAS

### Para chegar lá

#### Bicicleta

Apenas 2,5% dos estudantes que moram num raio de 3km das escolas vão ao colégio de bicicleta. Mesmo assim, ao não usarem carros ou ônibus, esses 600 mil estudantes estão economizando quase 400 mil litros de gasolina por dia.

#### Caronas

Reveze o transporte das crianças com outros pais e economize tempo e dinheiro. Em um dia normal, uma mãe com crianças em idade escolar passa, em média, 66 minutos dirigindo e faz mais de cinco viagens de ida e volta para casa, percorrendo cerca de 47km. Se as mães se revezassem para levar os filhos para a escola, criando um sistema de carona, economizariam tempo e gasolina. Isso também ajudaria a reduzir os engarrafamentos, que custam aos americanos US$78 bilhões por ano em combustível e em tempo perdido.

#### Ônibus

Se você puder, pegue um ônibus em vez de ir de carro. Os ônibus escolares são responsáveis por cerca de 10 bilhões de viagens de alunos por ano, além de se envolverem em menos acidentes que os veículos particulares.

## Na sala de aula

### Canetas

Use canetas com cargas renováveis. Uma carga de caneta custa quase o mesmo preço de uma caneta descartável. As canetas são frequentemente jogadas no lixo e não são recicladas ou reutilizadas. Seus componentes e embalagens são feitos de recursos não renováveis e podem conter produtos químicos prejudiciais ao meio ambiente. Todos os anos, os americanos jogam fora 1,6 bilhão de canetas. Enfileiradas, elas somariam mais de 240.000km – o equivalente a cruzar o oceano Pacífico, indo de Los Angeles até Tóquio, mais de 25 vezes!

### Giz

Peça giz sem poeira. Ele limita a exposição das pessoas às partículas que agravam a asma e outras doenças respiratórias. A asma afeta mais de 5 milhões de crianças em idade escolar nos Estados Unidos – aproximadamente 1 em cada 11 alunos – e é uma das principais causas de falta às aulas.

### Lápis

Use lápis feitos de material reciclável, embalados em caixas leves ou recicladas. Lápis podem ser feitos de vários tipos de materiais que, de outra forma, acabariam no lixo, como móveis, dinheiro velho e papel.

### Lápis de cera

Evite lápis de cera feitos de parafina, que é derivada do petróleo. Em vez deles, tente usar os crayons feitos de óleo de soja, que têm o benefício de não ser tóxicos.

### Livros escolares

Compre livros didáticos usados e venda-os quando não precisar mais deles. Você economizará dinheiro. Aproximadamente US$10 bilhões em livros escolares – do jardim de infância à universidade – são vendidos todos os anos. A reciclagem de apenas 1% desses livros pouparia dinheiro suficiente para mandar mais de 4 mil estudantes para uma faculdade pública por quatro anos!

### Marcadores

Os marcadores, ou canetas fosforescentes, contêm produtos químicos tóxicos que podem vazar no lixão onde são depositados, poluindo os lençóis de água subterrâneos. É melhor usar marcadores feitos à base de água, com tinta não tóxica e pontas descartáveis.

### Quadros-negros

Use quadros-brancos, em vez de quadros-negros. O giz cria uma camada de poeira nas mãos e em tudo que está em volta, espalhando alergias e causando problemas nos computadores. O uso de pilots não tóxicos, fáceis de apagar, em quadros-brancos elimina os problemas causados pela poeira do giz.

### Temperatura

Peça aos professores que mantenham a temperatura das salas de aula entre 20º e 23ºC. Isso economizaria energia e melhoraria o ambiente de aprendizagem. Em salas com a temperatura controlada, os estudantes obtiveram melhor rendimento em testes e exames do que em salas com temperaturas muito altas ou baixas. Cada grau de temperatura economizado significa uma redução nos custos de energia de 2% por sala de aula.

## No almoço

### Chicletes

Jogue seu chiclete fora no lixo, não no chão (ou embaixo da sua carteira). O americano médio masca até 190 chicletes por ano. Somados, esses 57 bilhões de tiras de chiclete poderiam formar uma massa com 6,5km de largura e 9,5km de comprimento.

### Doação de comida

Procure um programa de doação de comida para a sua escola, em vez de descartar a comida da lanchonete que não foi consumida. Se todas as escolas públicas independentes americanas (são cerca de 3.600) participassem de programas de doação de comida por um ano letivo inteiro, o produto arrecadado daria para servir uma refeição a mais de 2 milhões de pessoas que passam fome.

### Reciclagem

Pratique a reciclagem e incentive seus professores e colegas a reciclar também. Reciclando 90% do lixo, uma única escola de ensino fundamental poderia economizar US$6 mil por ano com taxas de lixo.

### Tipos de comida

Sanduíches, frutas frescas, vegetais frescos e lanchinhos embalados em recipientes reutilizáveis são alternativas saudáveis para a comida da lanchonete e a comida industrializada. Esses itens também podem ser comprados em quantidades maiores, economizando dinheiro e embalagens.

## Dever de casa

### Livros da biblioteca

Tente usar uma biblioteca digital ou a internet, em vez de ir à biblioteca mais próxima para pesquisar. Você poupará tempo e dinheiro. Por ano, circulam nos Estados Unidos 1,9 bilhão de livros de bibliotecas públicas, o equivalente a 7 livros por pessoa. Se cada americano pesquisasse, pelo menos, um livro na internet por ano, haveria uma economia de 300 milhões de idas às estantes.

## Material escolar

### Cadernos

Tente usar cadernos em espiral, com fibra reciclada. Eles são baratos e ajudam a reduzir a quantidade de lixo nos depósitos. Uma fábrica de papel usa 20% menos energia para fazer papel a partir de material reciclado do que para fabricá-lo a partir de madeira fresca. De cada 45kg de lixo que jogamos fora, 18kg são de papel.

### Clipes

Recicle seus clipes ou simplesmente reutilize aqueles que você já tem! A cada ano, são produzidos clipes suficientes para que cada pessoa no mundo tenha pelo menos três. De cada 100 mil clipes produzidos, apenas 20 mil são usados para manter papéis juntos. Os outros não são usados!

### Fichários

Tente usar fichários feitos de materiais reciclados e reutilizá-los ano após ano. Se 80% dos estudantes agissem assim, o material poupado daria para fazer um fichário com uma área maior que todo o campus da Universidade da Califórnia em Berkeley.

### Latas de lixo

Escolha latas de lixo feitas de aço reciclado. O aço é o material mais reciclado nos Estados Unidos, e os produtos feitos a partir desse material consomem 75% menos energia do que a usada para manufaturar itens a partir de minério de ferro.

### Papéis autoadesivos

Procure blocos feitos de papel 100% reciclado. As vendas de papéis adesivos (do tipo Post-it) são estimadas em US$1 bilhão por ano, o que significa que 80 bilhões de papeizinhos são grudados em algum lugar todos os anos.

### Papel

Tente comprar papel reciclado e evite papel que contenha cloro. Papel reciclado pós-consumidor (que é usado e depois reutilizado, ao contrário do papel pré-consumidor, feito de sobras de papel) requer 44% menos energia para ser produzido, reduzindo as emissões de gases do efeito estufa em 37% e produzindo 48% menos de lixo sólido. Se reduzíssemos em 50% o uso de papel, recuperaríamos o espaço usado por mais de mil lixões.

### Pastas

Tente usar pastas 100% recicladas, com fibras derivadas de papel recuperado do lixo. Comprando papel reciclado, em vez de virgem, você reduz o lixo sólido em quase 50%.

### Plástico

Evite produtos que contenham policloreto de vinila (PVC). Esse tipo de plástico é encontrado em mochilas, pastas e capas de chuva. O PVC pode conter toxinas prejudiciais ao sistemas imunológico das pessoas e é extremamente difícil de reciclar. De 1,6 milhão de toneladas de PVC jogadas fora todos os anos, a quantidade reciclada é desprezível.

### Réguas de plástico

Tente usar réguas feitas de plástico reciclado, em vez de réguas de madeira ou metal.

### Tesouras

Tente usar tesouras de aço inoxidável reciclado. Se elas tiverem cabo de plástico, verifique se o plástico é reciclado. A cada ano, a reciclagem de aço economiza energia suficiente para abastecer 18 milhões de casas.

## Residências para estudantes

### Dormitórios

More no campus universitário, se puder. Você economizará tempo, gasolina, dinheiro com a manutenção do carro – e evitará poluir o ambiente. Os Estados Unidos têm 11 milhões de alunos nas faculdades, e 50% dos matriculados em universidades estaduais moram fora do campus. Se metade desses estudantes pudesse ir às aulas de bicicleta, a pé, em caronas comunitárias ou usando o transporte público, mais de 2 milhões de veículos poderiam ser retirados das congestionadas ruas e avenidas do país.

### Lavando a roupa

Procure máquinas de lavar que utilizem a energia com eficiência. Suas roupas serão lavadas e secas com mais rapidez.

"Nossas filhas estão muito envolvidas com a reciclagem. Maggie, de 8 anos, até escreveu na lata de lixo: 'Por favor, material reciclável aqui. Obrigada.'

Tudo começou quando Zeny, uma amiga de São Francisco, veio nos visitar. Ela nos transformou em grandes recicladores. Estava sempre nos lembrando de que não havia outra opção: desmontava caixas e até separava nosso lixo. Quando se tem uma professora desse nível à disposição, você nunca mais esquece a lição.

E, pode acreditar, se esquecer, uma das meninas estará lá para lembrar: recicle! Elas atuam como uma espécie de patrulha-mirim. Separam garrafas e latas, lavam as garrafas de leite e guardam tudo. É impressionante. Se uma embalagem está no balcão da pia, vai imediatamente para a lata de reciclagem. O que é uma ótima maneira de manter a casa limpa!

Você não precisa mudar seu modo de vida para reciclar. Não é um compromisso tão complicado. Basta ter consciência do que joga no lixo. Quando você vê a diferença que a reciclagem faz na sua casa, começa a imaginar o que ela pode fazer no mundo.

E tudo volta àquela recomendação simples, escrita na lata de lixo..."

**Faith Hill,**
cantora,
e **Tim McGraw,**
ator e cantor

## 6

# No trabalho

## Pensando num mundo melhor

### QUADRO GERAL

Talvez seja porque não vemos nosso local de trabalho como nossa casa ou por acharmos que, se outra pessoa é responsável pelo nosso salário, também deve ser por nosso lixo, mas nossos escritórios se tornaram arranha-céus de desperdício. Eles esbanjam água e eletricidade e expelem toxinas. São monstros pesando sobre o meio ambiente. O funcionário médio de um escritório americano usa 10 mil folhas de papel para fazer cópias por ano. Somando todos os negócios do país, o total anual é de 21 milhões de toneladas de papel para cópias ou mais de 4 trilhões de folhas. Cerca de 400 bilhões de fotocópias são feitas todos os anos, o que significa que 750 mil são feitas por minuto. Para tirar cópias, além de papel, é necessário tinta. Os escritórios americanos usam 15 milhões de cartuchos de toner todos os anos, o suficiente para ligar Nova York a Zurique, na Suíça.

A eletricidade alimenta tudo isso. Prédios comerciais usam 18% da energia do país, e a iluminação representa quase um quarto desse consumo. O pior é que boa parte dessa eletricidade é desperdiçada em salas vazias ou com luz natural suficiente para se trabalhar.

Além disso, os prédios comerciais são responsáveis por mais de 10% do consumo de água nos Estados Unidos. E as pessoas não estão tomando banho, regando o gramado, lavando a louça ou as roupas no escritório. Estão simplesmente puxando a descarga e lavando as mãos.

Os trabalhadores dirigem uma média de 16.000km por ano e consomem 255 bilhões de litros de gasolina. Isso já seria ruim se eles ficassem quietos em suas mesas. Mas um terço dos trabalhadores sai do escritório para comprar comida, gastando no transporte a maior parte do horário de almoço. O desperdício consome copos descartáveis e utensílios de plástico suficientes para circular a linha do Equador a cada dia de trabalho!

O desperdício de comida é outro problema. Dez por cento do lixo produzido por um escritório é formado por comida. Imagine isso multiplicado por todos os negócios do país. É muito ketchup, mostarda e pacotinhos de sal e pimenta.

Mas o almoxarifado do escritório é o que mais contribui para o problema do lixo, com toneladas de papel, canetas, clipes e elásticos sendo desnecessariamente jogadas fora.

É claro que a maioria de nós não está encarregada da administração de nossos escritórios. Não podemos encomendar material ecologicamente correto, ajustar o termostato para todo o prédio em que trabalhamos ou cuidar da reciclagem total do lixo. Mas existem algumas coisas que podemos fazer individualmente para ajudar o meio ambiente a partir do nosso escritório.

## Passos simples

1. **Use a frente e o verso do papel.** Imprimindo ou copiando, use os dois lados da folha de papel. Se apenas 1 em cada 4 funcionários usasse sempre os dois lados ao fazer cópias, a economia anual seria de 130 bilhões de folhas de papel – uma pilha equivalente ao diâmetro da Terra!
2. **Caronas comunitárias.** Se o trabalhador médio participasse de um sistema de rodízio para chegar ao escritório, pouparia 1.900 litros de gasolina e evitaria lançar no ar 250kg de gases venenosos por ano. O equivalente a tirar das ruas 67,5 milhões de carros – quatro vezes o número de automóveis novos vendidos nos Estados Unidos por ano.
3. **Use uma caneca de cerâmica para tomar café.** Os americanos usam mais de 14 bilhões de copos de papel por ano, o suficiente para dar a volta na Terra 55 vezes. O isopor ficará no planeta por nove gerações, tempo suficiente para nascerem seus tataratataratataratataratataranetos.

## PEQUENAS COISAS

### Para chegar lá

#### Caminhada

Vá andando e não gaste nada com transporte. Pessoas que moram num raio de 3km do trabalho gastam em média R$400 por ano para ir e vir de carro. Se apenas 20 pessoas em cada estado brasileiro fizessem isso, economizaríamos R$220 milhões em combustível.

### Carro

Manter os pneus calibrados vai aumentar o rendimento do seu carro em torno de 3% (além de fazer com que os pneus durem mais). O motorista que dirige 20.000km por ano poderia poupar cerca de 60 litros de combustível apenas mantendo a pressão adequada dos pneus.

### Transporte público

Tente usar o transporte público. Se todos os americanos que o pegam para chegar ao trabalho dirigissem sozinhos, eles lotariam uma estrada de nove faixas de Boston a Los Angeles. Uma quantidade menor de carros na rua também reduz muito o tempo de transporte. As pessoas perdem em média 36 horas em engarrafamentos por ano.

## Na hora do descanso

### Açúcar/Adoçante

Use recipientes maiores, em vez de envelopes individuais.

### Colheres descartáveis

Não use colheres ou misturadores descartáveis. Simplesmente coloque o açúcar e o leite na xícara e depois adicione o café. A cada ano, os americanos jogam fora 138 bilhões de colheres, canudos e misturadores, o suficiente para construir uma estátua gigante – 20 vezes mais alta que a Estátua da Liberdade!

### Máquina de café

Preocupe-se com a quantidade de água que você usa na cafeteira. Cerca de um terço da água da bica consumida na maior parte da América do Norte e da Europa é usado para fazer café. Se cada trabalhador usasse uma xícara de água a menos, pouparíamos quase 40 milhões de litros por dia. Ao longo de um ano, economizaríamos água suficiente para fornecer 7,5 litros a 1,2 bilhão de pessoas que não têm acesso à água livre de impurezas.

## Na hora da refeição

### Almoço

Leve seu almoço para o trabalho, se puder. Um almoço comprado na rua em embalagens descartáveis pode gerar de 100 a 200g de lixo por dia! Se todos os trabalhadores americanos levassem almoço para o escritório, haveria uma economia de 4,5 milhões de toneladas de lixo – o peso da Grande Pirâmide do Egito.

### Armazenamento de comida

Use recipientes que possam ser reutilizados, de preferência de vidro ou cerâmica. Eles são mais saudáveis do que os de plástico e você diminui a quantidade de lixo. Quatro de cada cinco trabalhadores americanos dividem a comida com os colegas. Se vidro ou cerâmica forem usados para armazenar essa comida, a chance de você ou seus colegas serem expostos a produtos químicos presentes nas embalagens de plástico diminuirá, além de evitar criar lixo adicional com bandejas, pratos e recipientes descartáveis.

### Guardanapos de papel

Tente usar menos guardanapos de papel. Cada americano consome uma média de seis guardanapos por dia. Se todos usassem um a menos por dia, 150 milhões poderiam ser salvos de ir para o lixo.

### Lanchonete

Evite usar talheres e pratos de plástico, se puder escolher. Se cada trabalhador deixasse de usar uma faca descartável por dia, seriam 15 bilhões de facas de plástico a menos por ano.

### Lixo

Descarte o seu lixo adequadamente. Noventa e quatro por cento das pessoas reconhecem que o lixo maltratado pode gerar um problema ambiental grave. As maiores fontes de lixo pelas ruas são guimbas de cigarros, garrafas, latas e embalagens de bala e de fast-food. Mais de 2 bilhões de guimbas de cigarros são jogadas fora por ano em todo o mundo.

### Para viagem

Peça menos embalagens quando pedir comida para viagem. Mais de um terço dos trabalhadores americanos pede comida para viagem. Se você for comer sozinho, diga que precisa de utensílios apenas para uma pessoa. Se todos fizessem isso, poderíamos poupar 25 milhões de garfos de plástico, facas e pauzinhos de comida oriental por dia – utensílios suficientes para três boas refeições para todos os nova-iorquinos por um dia.

## No almoxarifado

### Canetas

Use canetas com cargas renováveis. Canetas descartáveis não são recicláveis nem biodegradáveis. Jogue uma fora e ela ainda estará no lixão daqui a 50 mil anos.

### Clipes

Recicle seus clipes. Se 1 em cada 4 trabalhadores americanos reutilizasse seus clipes, haveria uma economia de mais de US$1 milhão.

### Copiadora

Usar o botão de espera (ou stand-by) em sua máquina de xerox vai aliviar a carga de energia em 70%. Fazer as copiadoras americanas funcionarem custa aproximadamente US$50 milhões por ano. Corte isso em 70% e poupe US$35 milhões e energia suficiente para abastecer mais de 100 mil casas.

## Corretor

Tente usar uma caneta corretora, em vez do corretor líquido engarrafado. Não vai secar tão rápido, e você certamente usará menos. Além disso, verifique se o corretor que você usa é feito à base de água. Se cada auxiliar de escritório usasse um vidro de corretor a menos por ano, a quantidade economizada daria para pintar a Casa Branca.

## Elásticos

Evite usar elásticos. Cerca de três quartos dos elásticos são sintéticos, feitos de petróleo cru. Quando eles são incinerados nos lixões, podem prejudicar a saúde de quem está por perto. Na América do Norte, 2,2 milhões de toneladas de borracha sintética são usadas por ano.

## Envelopes

Use envelopes reciclados. Um escritório com 17 funcionários gasta anualmente 1 tonelada de papel, incluindo envelopes e papel para cópia. Se os escritórios usassem envelopes reciclados, cada um dos 17 funcionários pouparia papel suficiente para mandar uma carta a 10 mil pessoas.

## Etiquetas

Tente não usá-las ou use as que são feitas de material reciclado. Algumas etiquetas tornam impossível a reciclagem do papel, dos envelopes ou de outros materiais aos quais ficam coladas. Tente, em vez disso, imprimir diretamente nos envelopes e pacotes.

## Grampeadores

Use um grampeador ecologicamente correto – sem os tradicionais grampos de metal – para juntar até cinco folhas. Cerca de 643 mil toneladas de grampos são produzidas todos os anos nos Estados Unidos. Se um terço dos documentos que são grampeados não precisasse dessas peças metálicas, evitaríamos que 1 trilhão de grampos fossem parar no lixo a cada ano.

### Impressoras

Imprima nos dois lados do papel e, se possível, use uma impressora de jato de tinta. Impressoras a laser usam 300W de eletricidade, enquanto as de jato de tinta precisam de apenas 10W. Os trabalhadores podem economizar o equivalente a 5% de toda a energia elétrica consumida nos lares americanos – ou a mesma quantidade contida em quatro relâmpagos –, usando uma impressora de jato de tinta em vez de uma a laser. E, é claro, não se esqueça de reciclar o seu cartucho de tinta.

### Máquinas de fax

Evite usar uma folha de rosto quando for possível e você economizará papel dos dois lados da transmissão. Dezessete milhões de árvores são cortadas anualmente para fornecer papel de fax para os Estados Unidos.

### Pacotes e malotes

Ao fazer a expedição, você não precisa colocar uma caixa dentro de outra do correio, ou um envelope dentro de outro. Mais de 1 bilhão de caixas e envelopes são usados a cada ano para envio de material.

### Papel

Recicle e tente usar papel reciclado. As empresas americanas usam mais de 21 milhões de toneladas de papel anualmente. Se metade dessa quantidade fosse reciclada, uma floresta maior do que o estado da Flórida seria salva todos os anos.

### Recicle

Recicle na sua mesa e no almoxarifado. A reciclagem de papel pode fazer com que os escritórios reduzam em 50% o lixo que mandam para os aterros sanitários: uma economia de 33 milhões de toneladas – suficiente para salvar 561 milhões de árvores.

## Na sua mesa

### Computadores

Ative a função de gerenciamento de energia, ou *sleep mode*, em seus monitores e gabinetes. Se apenas 10 empregados fizessem isso, eles economizariam quase US$500 em energia por ano.

### E-mail

Em média, um funcionário de escritório gasta mais de duas horas por dia enviando e-mails e navegando pela internet. Os servidores da internet nos Estados Unidos usam tanta energia quanto a que é consumida por todas as televisões americanas juntas.

### Iluminação

Apague as luzes do seu escritório se houver luz natural suficiente para realizar as tarefas. Você terá menos problemas de vista cansada por causa da luz ofuscante das lâmpadas. Dezessete por cento da energia usada para iluminar escritórios é desperdiçada em salas vazias ou com boa iluminação natural.

### Refrigeração e aquecimento

Tente manter seu escritório em uma temperatura constante entre 20º e 23ºC. Cerca de metade da energia usada em edifícios comerciais é canalizada para aquecimento e refrigeração dos espaços. Os escritórios podem cortar seus custos em um terço usando a eletricidade de forma mais eficiente.

### Reuniões virtuais

Poupe tempo e dinheiro promovendo teleconferências. Evite as viagens de trabalho e você economizará energia suficiente para promover 7 mil horas de videoconferências!

"Quando era garota, crescendo em Nutley, Nova Jersey, o meio ambiente ainda não era motivo de preocupação. A grande questão era econômica, pelo menos para os meus pais, que enfrentavam o desafio de sustentar seis filhos. Todos os dias, minha mãe preparava refeições simples mas deliciosas, usando carne e produtos da época, mais em conta. Meu pai, por outro lado, era apaixonado por jardinagem, e os frutos de seu trabalho – verduras na primavera, tomates no verão, abobrinhas no outono – sempre alegravam a nossa mesa de jantar. Os abajures só eram acesos quando necessário, o aquecimento era usado com moderação e assim acabamos aprendendo a viver de maneira frugal.

Olhando para trás, lembrando aquela época, percebo que minha família seguia muitas das regras da "vida verde" de que tratam livros como este. Passada uma geração, o meio ambiente hoje é um tema presente na mente de todos, inclusive na minha. Apresento aqui alguns dos hábitos ecológicos que coloquei em uso em minha fazenda em Bedford, Nova York. Alguns são fruto de avanços tecnológicos, como lâmpadas compactas fluorescentes e combustíveis alternativos; outros são lições que aprendi com meus pais, décadas atrás.

A jardinagem sempre foi uma paixão para mim e, na minha fazenda, seguimos princípios orgânicos na horta e no pomar, assim como na estufa. Também mantenho um enorme depósito de compostagem, que faz um fertilizante valioso a partir de sobras da produção, ervas daninhas e esterco de cavalo. Além de reciclar produtos convencionais como latas e garrafas, uso material de construção reciclado em vários projetos pela fazenda. Recentemente construímos novos galinheiros usando telhas e madeira retiradas de uma velha casa de fazenda em Vermont. Oferecer casas a pássaros selvagens também é importante para mim: espalhamos caixas pela fazenda para que as corujas tenham onde construir seus ninhos. Outros pássaros rapidamente instalaram colônias nas casas que lhes demos.

Em casa, o bom isolamento e um sistema eficiente de aquecimento são duas das maneiras mais fáceis de reduzir os custos de energia, o que é bom para mim e para o meio ambiente. Sempre usei janelas duplas no inverno, e elas ajudam a reduzir a circulação de ar dentro da casa. Também tenho um sistema de aquecimento muito eficiente sob o piso, que usa água em temperaturas mais baixas do que os aquecedores convencionais e concentra o calor mais próximo do chão, e não no teto. No verão uso ventiladores elétricos pequenos e silenciosos, reduzindo ao máximo o uso do ar-condicionado.

Eis aqui cinco coisas que você pode fazer:

1. Comprar garrafões de 20 litros de água e encher as garrafas para o consumo diário.
2. Apagar as luzes quando sair de um cômodo.
3. Desligar ou diminuir o aquecimento quando sair de casa.
4. Usar um edredom em vez de ligar o aquecimento.
5. Usar paninhos em vez de papel-toalha.

Ao longo dos próximos anos surgirão novas maneiras de se viver em harmonia com o meio ambiente. Por enquanto, meu último projeto é usar combustíveis alternativos, à base de etanol, no lugar de gasolina, em alguns carros e veículos da fazenda. Toda pequena ajuda é válida. Minha mãe certamente concordaria, e minha filha também.”

**Martha Stewart,**
empresária e apresentadora de TV

7

# Compras

## As melhores coisas estão nas menores embalagens, principalmente quando elas não são embrulhadas

### QUADRO GERAL

Todas as vezes que vai ao shopping o americano gasta uma média de US$113. São muitos os objetos de desejo, gerando uma demanda enorme por produtos de todos os tipos. Um carro novo é fabricado a cada segundo, 2,3 milhões de sapatos são comprados todos os dias e 2,6 bilhões de brinquedos comercializados por ano.

A psicologia das compras está incrustada em nosso cérebro: mais, mais, mais. Essa mentalidade enche os armários e o ego, mas não leva em conta o outro lado da equação: para onde vai tudo isso?

Cada um de nós produz aproximadamente 2kg de lixo por dia, com nossos hábitos de consumo e descarte, somando cerca de 750kg por ano. Como país, isso chega a 225 milhões de toneladas por ano.

O fardo do descarte é enorme – tanto que, se você olhar a América do Norte do espaço, o ponto mais alto da Costa Leste é um aterro sanitário.

Como uma pilha chega a esse tamanho? Considere que todos os meses 100 mil CDs são jogados fora ou que 23 mil toneladas de escovas de dentes são espalhadas pelos lixões americanos por ano. Dá para visualizar o quadro. E é realmente um grande quadro.

Usamos toneladas de matéria-prima, água e energia para fazer as coisas que compramos, apenas para jogá-las fora depois. É uma sociedade descartável.

Com uma população mundial de 6,6 bilhões de pessoas (e crescendo) – todas eventualmente aptas a comprar algo e jogá-lo fora –, ir às compras torna-se uma verdadeira ameaça.

Pense nisto: existe mais material feito pelo homem do que gente no planeta.

No mundo todo, a família média tem, pelo menos, 127 itens em casa. Já nos Estados Unidos, o número de objetos na casa da família média pode chegar a 10 mil.

Mas como existe tanta coisa? É tudo fabricado. A indústria sozinha consome um terço da energia e 13% do fornecimento de água nos Estados Unidos, sem falar de todo o lixo adicional (7,6 bilhões de toneladas) que é criado antes mesmo de o produto chegar às nossas mãos.

E depois jogamos tudo de volta sobre o planeta. Mais de 1,5 bilhão de toneladas de lixo sólido doméstico é produzido todos os anos ao redor do mundo. É o equivalente a quase três vezes o peso somado de todas as pessoas vivas!

O descarte é uma questão tão importante que os Estados Unidos frequentemente mandam seu lixo para outros países. Mais da metade dos aparelhos eletrônicos que importamos acaba sendo exportada para países do Terceiro Mundo na condição de lixo. A outra metade continua a ser empilhada no país mesmo.

## Passos simples

1. **Tente comprar produtos com embalagens pequenas ou sem embalagem.** Se apenas 1 em cada 10 produtos que você compra viesse sem embalagem, cada casa geraria menos 22kg de lixo por ano. Essa pequena redução representaria uma economia de, pelo menos, US$30 por ano, já que US$1 de cada US$11 que você gasta no supermercado é para pagar as embalagens dos produtos que leva para casa. Se todos os lares fizessem isso, os lixões receberiam 2,5 milhões de toneladas a menos.
2. **Se perguntarem "papel ou plástico?" na caixa do supermercado, escolha papel.** Embora nenhum dos dois seja ideal – é melhor carregar suas compras em bolsas de pano ou de lona –, normalmente os sacos de papel comportam mais produtos do que os de plástico e são mais facilmente reutilizados. Além disso, sacos de papel têm uma chance maior de reciclagem.
3. **Passe a usar papel higiênico feito 100% de papel reciclado.** Se todos os lares substituíssem 12 rolos de papel higiênico comum por uma versão reciclada, quase 5 milhões de árvores seriam salvas.

## PEQUENAS COISAS

### Compras

#### Aves

Tente comprar apenas a quantidade que vai consumir a curto prazo. Em média, cada americano joga fora cerca de 5,5kg de carne de frango e de outras aves por ano. Se, ao longo de um ano, cada lar comprasse 500g a menos de frango, haveria uma economia de 250 bilhões de litros de água – normalmente gastos na produção e na embalagem da carne –, maior do que o consumo de todos os moradores da Califórnia ao longo de uma semana.

## Café

Quando for comprar café moído ou em grãos, procure marcas com selos que comprovem que os produtos são orgânicos. Essa certificação indica que as fazendas de café praticam a agricultura sustentável para preservar ou restaurar áreas de floresta. Se uma única casa passar a comprar café certificado por um ano, isso será suficiente para proteger 850m$^2$ de floresta.

## Carne

Se você tiver a opção, escolha sua carne no balcão do açougue e compre apenas a quantidade que pretende consumir. Você reduzirá o desperdício de comida, poupará dinheiro e conservará recursos. Uma pessoa, em média, desperdiça mais de 10kg de carne comprada em supermercados por ano.

## Comida em lata

Se você planeja comprar várias latas do mesmo produto, procure um tamanho maior. Se você comprar uma lata de 700g de massa de tomate em vez de duas de 350g, não só vai economizar até 50% no preço como também reduzirá a quantidade de lixo. Se todos os meses cada lar americano comprasse uma lata maior em vez de duas menores, o aço economizado anualmente daria para construir uma Torre Eiffel em cada continente.

## Frutas

Consuma, sempre que possível, frutas frescas em vez de frutas em conserva. Para enlatar as frutas, gasta-se, no mínimo, 10 vezes mais energia do que para colhê-las. Se, durante os três meses de verão, cada lar americano trocasse apenas 450g de frutas em conserva por

450g de frutas frescas, a energia poupada daria para operar os eletrodomésticos das cozinhas de mais de 21 mil casas por um ano inteiro.

### Legumes

Se você tiver a opção, escolha legumes frescos em vez de enlatados ou congelados. O processo de enlatamento e de congelamento de vegetais frescos nos Estados Unidos consome cerca de 3 bilhões de kWh de energia por ano, o suficiente para acender todas as lâmpadas do estado de Nova York por três anos. Na época certa, os legumes frescos também podem custar menos do que as versões enlatadas ou congeladas.

### No atacado

Considere a ideia de comprar itens no atacado, em maiores quantidades. Você vai pagar até 50% menos e reduzir de maneira significativa a quantidade de energia necessária para transportar todos aqueles embrulhos extras para aterros sanitários e usinas de reciclagem.

### Orgânico

Você pode diminuir sua exposição a pesticidas em 90%, apenas escolhendo variedades orgânicas de certas frutas e legumes. Se apenas 1% das terras cultivadas dos Estados Unidos adotassem a agricultura orgânica (sem produtos químicos), deixaríamos de lançar 12 mil toneladas de pesticidas por ano nos alimentos produzidos e no meio ambiente. Se você comprar comida orgânica, incentivará esse tipo de cultura.

### Pão

Se possível, compre pão fresco na padaria, em vez de pães industrializados embalados em sacos de plástico. Você pode reciclar o papel de embrulho do pão e economizar a energia usada para congelá-los ou mantê-los na geladeira.

## Pão de forma

Tente comprar pães de forma com embalagens simples. Pães com embrulhos duplos contêm pelo menos 20% mais plástico na embalagem, por grama de pão. O lixo gerado por esse plástico adicional em todos os lares da América do Norte pesaria cerca de 27 toneladas – o peso de toda a comida que você comerá na vida.

## Peixe: cultivado ou selvagem

Escolha peixes selvagens e não as variedades criadas em fazendas, que tendem a conter níveis mais altos de metais pesados e são consideradas ameaças a algumas espécies de peixe selvagem em perigo de extinção. Além disso, como os peixes criados em fazendas vivem em espaços muito pequenos, eles geram muito lixo. O volume de fezes de peixe lançado no mar por uma fazenda média de criação de peixes é igual ao de uma cidade de 65 mil pessoas jogando seu esgoto *in natura* no oceano.

## Peixe: fresco ou enlatado

Pense na ideia de comprar peixe fresco, em vez de enlatado. Você reduzirá a quantidade de recursos desperdiçados no processo e economizará dinheiro. Para cada 4,5kg de peixe enlatado que se produzem, são desperdiçados mais de 75 litros de água e 250g de peixe. Se considerarmos que uma lata de 170g de peixe contém apenas cerca de 115g de carne, o preço do peixe enlatado é de fato comparável ao de algumas variedades de peixe fresco. Se cada um dos 88 milhões de lares americanos que compram atum enlatado substituísse apenas uma lata de 170g por peixe fresco, daria para colocar água num aquário de 20m de altura com o tamanho de dois campos de futebol e enchê-lo com 12 mil atuns pesando 45kg cada.

### Queijo

Compre pedaços inteiros de queijo em vez de pacotes com fatias embaladas individualmente. A quantidade de energia usada para fazer esses embrulhos de plástico para as fatias de queijo equivale a mais de 50 milhões de litros de gasolina por ano.

### Sacos de lixo

Se você precisar comprar sacos de lixo, procure uma marca que use material reciclado. A produção de sacos de lixo a partir de plástico reciclado requer menos energia do que a partir de plástico virgem.

### Sacos de papel

Reutilize os sacos de papel do supermercado como sacos de lixo. Se apenas 5% dos lares americanos adotassem este hábito, daria para salvar uma floresta do tamanho da ilha da Manhattan por ano. Depois de 13 anos, a floresta cobriria toda a área da cidade de Nova York.

### Sacos plásticos

Use menos sacos plásticos. Os lares americanos jogam fora quase 100 bilhões de sacos plásticos anualmente, dos quais milhões acabam sujando o meio ambiente e prejudicando animais marinhos. Reduzindo o consumo de sacos plásticos em apenas duas unidades por semana, você evitará jogar fora, no mínimo, 100 sacos por ano. Se fossem amarrados uns aos outros, esses sacos plásticos formariam uma corda longa o suficiente para dar a volta na Terra mais de 126 vezes.

### Soja

Pense em comprar produtos à base de soja. O cultivo de soja requer uma quantidade de água bem menor do que a necessária para a criação de animais. Um lar que troca 450g de carne por 450g de soja por mês vai poupar 75 mil litros de água por ano.

### Toalhas de papel

Se puder, escolha rolos de papel-toalha com folhas menores, para aumentar a vida útil de cada rolo (veja na embalagem o tamanho das folhas). Uma diminuição de apenas três rolos por ano nos lares americanos pouparia 120 mil toneladas de lixo e US$ 4,1 milhões em taxas de uso de aterros sanitários.

## Roupas

### Pele

Você pode incluir o alto consumo de combustíveis fósseis na lista de motivos para não comprar roupas de pele verdadeira. Embora a pele sintética seja feita de produtos à base de petróleo, é necessário apenas 1,2 litro de petróleo para produzir um casaco de pele falsa. Por outro lado, para gerar a energia necessária à manufatura de um casaco de pele real, são consumidos 83 litros de petróleo. Se apenas 10% dos 3 milhões de roupas de pele verdadeira vendidos anualmente nos Estados Unidos fossem trocados por roupas de outro material, 19 milhões de litros de petróleo e 5 milhões de animais poderiam ser poupados.

### Roupas de segunda mão

Dê uma chance às roupas de segunda mão. O americano médio compra 48 novas peças de vestuário por ano. Se apenas um desses artigos fosse comprado em um brechó, seria possível economizar a energia equivalente a quase 2 litros de gasolina.

### Roupas tingidas

O processo de tingir tecidos gera desperdício de água em toda a indústria têxtil. Sendo assim, compre roupas com cores "naturais". Se a maior parte dos americanos escolhesse um par de calças que não fosse tingido, a tinta poupada seria suficiente para cobrir cada centímetro da cidade de Chicago.

### Sapatos

Você pode diminuir o impacto que provoca no meio ambiente comprando sapatos feitos de material reciclado. Procure solas de borracha reciclada de pneus, palmilhas de espuma de almofadas, ou lona de calças ou jaquetas velhas. A marca de sua passagem pela Terra seria a reutilização e a reciclagem de tudo – desde garrafas de refrigerantes, copos de plástico, embalagens de leite, papelão e revistas a brim, filtros de café, pastas de papel, rolhas, cobertores e sacos de palha. Se cada lar americano comprasse um par de sapatos feito de material reciclado, mais de 90 mil toneladas de lixo não chegariam aos lixões.

### Tecidos

Pense na ideia de comprar roupas feitas com algodão orgânico. A compra de uma camiseta e de uma calça jeans feitas de algodão 100% orgânico elimina pelo menos 150g de fertilizantes, pesticidas e herbicidas do meio ambiente. Se um em cada cinco americanos comprasse uma camiseta 100% orgânica em vez de uma feita com algodão cultivado convencionalmente, conseguiríamos evitar que 50 mil toneladas de agrotóxicos poluíssem as águas, os ecossistemas e os guarda-roupas americanos.

## Saúde

### Remédios com receita

Compre apenas os remédios indicados por seu médico e que você tenha certeza de que vai usar. Nunca jogue no vaso ou no ralo remédios não usados ou fora do prazo de validade, pois eles podem prejudicar plantas e peixes. Como muitos remédios são desperdiçados, o paciente médio acima de 65 anos economizaria cerca de US$70 por ano na farmácia se comprasse apenas os remédios para consumo imediato.

### Remédios homeopáticos x industriais

Pense na ideia de comprar remédios de homeopatia, em vez dos convencionais. O processo de manufatura de drogas sintéticas gera mais de 80 mil toneladas de poluentes não tratados, que acabam no ar, na água e no solo todos os anos. Se apenas 5% da população pudesse encontrar um remédio homeopático para suas necessidades médicas, menos poluentes chegariam ao meio ambiente.

### Vitaminas

Você pode economizar dinheiro e embalagens se comprar um multivitamínico em vez de vitaminas isoladas. O americano médio que toma vitaminas gasta mais de US$100 por ano em suplementos. Se um quarto dos consumidores de vitaminas reduzisse suas compras em apenas um vidro por ano, a economia total estimada seria de US$ 592 milhões.

## Animais de estimação

### Aquários

Quando limpar o seu aquário, tire um terço ou, no máximo, metade da água e use-a como uma solução rica em nutrientes para as plantas da casa e do jardim. Você conservará água e eliminará a necessidade de fertilizantes químicos. Se todos os donos de peixes adotassem esse hábito, a água economizada anualmente seria suficiente para encher duas garrafas de 660ml para 1,2 bilhão de pessoas no mundo sem acesso a água potável.

### Biscoitos para animais

Se você comprar biscoitos para bichos sem embalagem ou numa embalagem reciclável, evitará que 500kg de plástico vão parar em aterros sanitários por ano

### Brinquedos para animais

Escolha brinquedos feitos de material reciclado.

### Camas para bichos

Na próxima vez que seu cão ou gato precisar de uma cama nova, procure uma estofada com fibra reciclada. Se apenas 1 em cada 20 donos de cachorro comprasse uma cama feita de material reciclado, a economia de fibras seria próxima de 3.200 toneladas, o que daria para encher 400 caminhões de lixo.

### Coleiras/Guias

Tente comprar para o seu bicho de estimação uma coleira ou guia que seja feita de lona orgânica, em vez de náilon. A produção de náilon emite óxido nitroso – um tipo de gás associado ao aquecimento global. Se todos os cães nos Estados Unidos ganhassem uma coleira feita de fibra orgânica em vez de náilon, isso impediria o lançamento de uma quantidade de gases do efeito estufa equivalente à produzida por 250 mil casas.

### Ração

Pense em fornecer aos seus animais uma dieta vegetariana ou, pelo menos, pense em dar a eles menos carne, frango e peixe. O processamento da ração vegetariana consome menos energia. Se todos os cães nos Estados Unidos comessem comida vegetariana um dia por mês, a economia de energia por ano seria equivalente a 720 milhões de litros de gasolina.

## Gramado e jardim

### Arranjos florais

Se você compra flores frescas, procure as variedades que são cultivadas organicamente na sua localidade. Os produtos químicos e toxinas usados no cultivo de flores podem poluir os sistemas de água. Compre as variedades cultivadas organicamente e você ajudará a reduzir a quantidade de pesticidas usada.

### Fertilizantes

A casa média americana, com $370m^2$ de gramado, pode reduzir sua demanda por fertilizantes em 25%, ou cerca de 1,3kg por ano, deixando as pontas cortadas no gramado depois de apará-lo. Se os donos das casas "reciclassem" a grama e reduzissem o uso de fertilizante em apenas 25%, 600 mil toneladas de fertilizantes químicos deixariam de ser usadas.

### Flores

Procure flores e arbustos que não precisem de muita água e você pode economizar até 2 mil litros de água por dia. Se apenas uma em cada 100 casas escolhesse espécies que tolerassem períodos de estiagem, cerca de 2,3 bilhões de litros de água seriam poupados – o suficiente para abastecer todas as residências de Nova York por um dia inteiro.

### Irrigadores

Compre irrigadores ajustáveis para maximizar a eficiência da água e a cobertura de seu gramado.

### Móveis para o jardim

Procure móveis de jardim feitos de material reciclado, em vez de madeira ou metal. Um banco feito de material reciclado pode evitar que o equivalente a 2 mil garrafas plásticas acabe em lixões.

## Crianças

### Brinquedos

Evite comprar anéis para o bebê morder, chocalhos, brinquedos de banho, livros plásticos, brinquedos de apertar e outros produtos de plástico que seu filho possa botar na boca. Se você escolher brinquedos para bebês feitos de produtos naturais como madeira sustentável e algodão orgânico, reduzirá a exposição de seu bebê a toxinas potencialmente nocivas, além de poupar a energia associada à manufatura de produtos plásticos.

### Brinquedos – madeira

Compre brinquedos de madeira, sempre que possível. Madeiras sólidas não tóxicas são melhores para a saúde de seu filho e usam recursos renováveis (ao contrário dos plásticos, que são derivados de petróleo). Se todas as crianças com menos de 6 anos ganhassem uma versão em madeira de um brinquedo de plástico que pudesse ser passada a uma criança menor no ano seguinte, o resultado seria uma redução de cerca de 7.500 toneladas de lixo plástico para cada ano em que o brinquedo fosse reutilizado.

### Brinquedos – plástico

Procure brinquedos feitos de outros materiais, não de plástico. Muitos brinquedos de plástico (como bonecas e bonecos de ação) são feitos de PVC, que contém toxinas potencialmente nocivas tanto ao meio ambiente quanto à saúde de seu bebê. Se todas as crianças com menos de 12 anos ganhassem apenas um brinquedo de material alternativo este ano, mais de 11 mil toneladas de brinquedos plásticos deixariam de ser jogadas em lixões.

### Carrinhos

Tente evitar comprar carrinhos que acomodem seu bebê apenas pelos primeiros meses de vida. Se você comprar um carrinho ajustável que satisfaça as necessidades de seu bebê à medida que ele cresce, vai economizar um bom dinheiro e evitar o desperdício de recursos ambientais usados para produzir um carrinho a mais para seu filho.

### Comida de bebê

Compre comida orgânica em potes reutilizáveis de vidro ou em caixas de papel reciclado. Escolhendo potes de vidro reutilizáveis ou caixas recicláveis em vez de recipientes de plástico, você reduz a quantidade de lixo enviada a aterros sanitários. Se todos os anos apenas 1% dos potes de papinhas fosse poupado e reutilizado, daria para economizar 300 toneladas de vidro, mais ou menos o peso de um Boeing 747.

### Cotonetes

Use cotonetes de duas pontas (de preferência orgânicos) que sejam ligados por bastões feitos de papel bem enrolado, em vez daqueles feitos de plástico. Bastões de papelão são potencialmente biodegradáveis e usam recursos renováveis, enquanto os bastões de plástico são feitos de petróleo e não são biodegradáveis.

### Embalagens de brinquedos

Tente comprar brinquedos com o mínimo possível de embalagem. Os americanos compram 3,6 bilhões de brinquedos por ano, e em alguns casos o volume da embalagem de um único brinquedo pode ser 10 vezes maior que o próprio brinquedo.

### Fabricantes de brinquedos

Tente frequentar lojas que vendam brinquedos feitos nas próprias localidades. De todos os brinquedos comprados nos Estados Unidos, 80% são feitos em outros países, sendo que 71% na China, onde as leis ambientais são fracas. Se você incentivar a produção local, pode reduzir a poluição e os custos de combustíveis associados ao transporte de produtos pelo oceano Pacífico.

### Lenços umedecidos

Evite comprar lenços umedecidos em embalagens de plástico duro, se você já tiver um recipiente reutilizável em casa. Se todas as mães com bebês nascidos este ano comprassem embalagens de refil em vez de recipientes de plástico duro, a energia poupada na produção das embalagens seria suficiente para lavar e secar uma trouxa de roupa em cada casa americana.

### Loção para bebês

Se você compra loção hidratante para bebês, procure um recipiente que possa ser reutilizado ou reciclado. Se apenas 10% dos bebês nascidos este ano usassem hidratante em recipientes reutilizáveis ou reciclados, cerca de 9 toneladas de plástico deixariam de ir para os lixões.

### Pilhas e baterias

Pense em comprar pilhas e baterias recarregáveis para os brinquedos de seu filho. Quatro pilhas AA alcalinas recarregáveis podem reduzir a sua necessidade de comprar e descartar cerca de 100 pilhas convencionais – uma boa economia em dinheiro e menos 3kg de lixo tóxico jogados no meio ambiente. Se 10% das crianças com menos de 12 anos usassem pilhas recarregáveis em suas bonecas, carrinhos de controle remoto, etc., cerca de 38 milhões de pilhas e baterias descartáveis escapariam do lixo. A energia dessas pilhas poderia carregar um carro elétrico para dar 17 voltas na Terra.

### Sabão líquido para bebês

Não há necessidade de comprar produtos caros quando um sabonete suave e água morna funcionam perfeitamente na hora de dar banho no seu bebê. Se você comprar sabonete em barra em vez de garrafas plásticas de sabão líquido, economizará em dinheiro e na embalagem. Se todos os bebês nascidos neste ano tomassem banho com sabonete em barra em vez de sabão líquido, deixariam de ser consumidas 90 mil toneladas de embalagens plásticas – o suficiente para fazer uma banheira de 15.000m$^2$.

### Sabão para lavar roupas

Procure sabão líquido que contenha elementos à base de vegetais para lavar as roupas de seu bebê, em vez daqueles à base de petróleo. Eles são mais suaves para o bebê e não vão contribuir para o esgotamento dos combustíveis fósseis.

### Xampu para bebês

Quando houver vários tamanhos de xampu de bebê à disposição, compre o maior possível. Se você escolher um vidro de 400ml de xampu para bebês em vez de dois vidros de 200ml, poderá economizar dinheiro, poupar cerca de 22g de plástico e deixar de poluir o meio ambiente.

## Natal e Ano-novo

### Árvores de Natal

Se você planeja comprar uma árvore de Natal, a escolha mais natural é uma árvore de verdade, que possa ser reutilizada ou replantada. Se você não tiver essa opção, árvores naturais cortadas são preferíveis às versões artificiais. Embora árvores artificiais sejam potencialmente de uso ilimitado, elas normalmente são feitas de PVC, não renovável, contêm partículas de chumbo e tendem a ser jogadas fora depois de apenas seis anos. Árvores de Natal de verdade são ambientalmente vantajosas, pois crescem e podem ser recicladas facilmente após o Ano-novo. Se apenas 10% dos lares americanos comprassem uma árvore natural, 20 mil toneladas de materiais não biodegradáveis poderiam ser poupadas.

### Cartões

Compre cartões feitos de material reciclado. Os americanos enviam 2 bilhões de cartões de felicitações de Ano-novo todos os anos. Uma redução de 1% poderia salvar 15 mil árvores.

### Decoração

Se você planeja comprar decoração de Natal este ano, pense num painel de plantas da estação ou em itens de uma loja de antiguidades. Dois terços dos lares americanos compram novas decorações de Natal a cada ano e gastam mais de US$7,5 bilhões.

### Laços e barbantes

Em vez de amarrar laços nos seus presentes de Natal, faça-os com ráfia, uma fibra natural, flores secas ou um laço reutilizável. Se 2 de cada 3 lares reaproveitassem 1 metro de fita, a quantidade economizada daria para amarrar a Terra inteira.

### Luzes de Natal

Quando trocar suas luzes de Natal, você pode economizar dinheiro e energia escolhendo os dispositivos semicondutores do tipo LED, sigla em inglês que significa diodo emissor de luz. Com uma duração de 100 mil horas, as suas luzes LED de Natal durarão até o próximo século.

### Papel de embrulho

Diminua a quantidade de lixo colocando presentes em sacos reutilizáveis ou em cestas. Se você prefere o papel de embrulho tradicional, tente encontrar uma marca que use material reciclado e reutilize o papel em outros presentes. Entre o Dia de Ação de

Graças e o Ano-novo, os americanos produzem 900 mil toneladas extras de lixo por semana, grande parte produzida por embalagens de presentes. Se 40% dos lares americanos deixassem de usar duas folhas de papel de embrulho este ano, o papel economizado seria suficiente para embrulhar a ilha de Manhattan.

### Presentes

Vales-presente, ingressos para shows, certificados de restaurantes e de cinema podem ser ótimas alternativas aos grandes pacotes, embrulhados com papel e cheios de laços de fitas. Se você comprar esses itens pela internet, não só economizará entre 2kg e 4kg em embalagens, como também vai reduzir o tempo, o estresse e a energia associados ao trânsito, à multidão e às longas filas até o caixa. Se 50% dos lares trocassem apenas dois presentes embrulhados por outros que coubessem em um envelope, 22 mil toneladas de lixo poderiam ser poupadas.

### Velas

Como velas de parafina são feitas de petróleo e emitem o equivalente a fumaça de óleo diesel quando são acesas, você pode economizar recursos de combustíveis fósseis, melhorar a qualidade do ar na sua casa e reduzir a sua exposição a substâncias cancerígenas escolhendo velas feitas de soja ou de cera de abelhas. Essas velas não são feitas apenas de recursos renováveis, mas queimam de maneira 90% mais limpa e duram pelo menos 50% a mais do que as convencionais de parafina.

## Vinho e cerveja

### Embalagens de bebidas

A energia necessária para se produzir uma lata de alumínio de 350ml a partir de minério virgem é suficiente para se produzir quase duas garrafas de vidro de 350ml. Então, na próxima vez que você for comprar cerveja, opte por garrafas de vidro em vez de latas de alumínio. Com a energia economizada, você poderia assistir aos jogos de futebol pela TV por dois domingos seguidos.

### Nacional x importado

Se você tiver a opção, compre de um produtor local de vinho ou de cerveja. A sua compra vai reduzir o consumo de combustíveis fósseis – e ainda trará o benefício adicional de incentivar a sua comunidade. Existem aproximadamente 176 milhões de americanos adultos que, juntos, consomem cerca de 25 bilhões de litros de cerveja e 2,6 bilhões de litros de vinho por ano.

### Vinho orgânico

Vinhos orgânicos podem ser alternativas acessíveis, gostosas e saudáveis. Uma garrafa de vinho produzido convencionalmente pode conter até 250 tipos diferentes de produtos químicos. Se 1 em cada 20 consumidores de vinho decidisse comprar apenas vinho orgânico, os vinhedos dedicados a esse tipo de bebida ficariam 16 mil hectares maiores, o que levaria à eliminação de 1.500 toneladas de agrotóxicos por ano.

## Veículos a motor e outros meios de transporte

### Barcos

Se você planeja comprar um barco, os melhores para o meio ambiente são os barcos a remo ou a vela. Motores elétricos são a segunda melhor escolha. Se você comprar um barco a diesel, no entanto, escolha um motor de quatro tempos em vez do motor tradicional de dois tempos, com injeção direta. Esses motores vão usar de 35 a 50% menos combustível do que os tradicionais de dois tempos, que são ineficientes e derramam até um terço do diesel na água.

## Biodiesel

Se o seu veículo tem um motor a diesel, pense em usar biodiesel. Ele não só é mais eficiente que outros combustíveis, como também é renovável, biodegradável e não tem os poluentes sulfúricos característicos do petrodiesel tradicional.

Se todos os carros a diesel vendidos este ano usassem biodiesel, a economia anual seria igual a 90 milhões de litros de petrodiesel – o suficiente para transportar mais de 900 mil crianças para o colégio durante um ano inteiro.

## Combustível – etanol ou gasolina

Não perca tempo comprando o combustível mais caro, aditivado, a não ser que o manual do proprietário recomende especificamente isso, pois, caso contrário, não haverá melhora no desempenho do seu motor nem na eficiência do combustível.

## Motocicletas

Se você tiver a opção, tente comprar uma moto elétrica ou híbrida. Motos comuns de dois tempos emitem até 25 vezes mais poluição por quilômetro do que carros de passeio. Você pode escolher ainda um motor de quatro tempos, que aumentará sua economia de combustível em 25% e diminuirá pela metade sua emissão de gases poluentes. Em média, se você comprar uma moto com motor de quatro tempos, poupará 35 litros de gasolina por ano.

## Pneus

Quando chegar a hora de comprar pneus novos, pense nos recauchutados. Pneus reciclados são iguais em segurança e desempenho aos novos, mas usam apenas um terço dos derivados de petróleo para ser produzidos e são bem mais baratos.

Se a demanda por pneus recauchutados crescesse 10%, a economia total de petróleo por ano seria de aproximadamente 1 bilhão de litros, mais gasolina do que todos os carros americanos usam por dia, no valor de cerca de US$900 milhões.

### PZEV – carros com baixa emissão de poluentes

Veículos com emissão parcial zero, os PZEVs, rodam de maneira pelo menos 90% mais limpa do que um carro comum. Se você comprar um carro com tecnologia PZEV, ele emitirá apenas 450g de fumaça poluente por 24.000km percorridos.

### Serviços

Na próxima vez que você for alugar um carro ou andar de táxi, veja se existem à disposição carros híbridos ou de baixa emissão de poluentes. Se 20% dos carros alugados nos Estados Unidos fossem híbridos, seriam poupados, por ano, 190 milhões de litros de gasolina. Essa quantidade de combustível é quase suficiente para abastecer a frota de táxis de Nova York por um ano.

## Artigos de luxo

### Cristal

Se você comprar cristais, escolha variedades sem chumbo. A quantidade de chumbo presente em uma bebida guardada em um recipiente comum de cristal pode ser 30 vezes maior do que a recomendada.

A exposição ao chumbo é altamente tóxica para os seres humanos, e os efeitos da mineração de chumbo sobre o meio ambiente podem durar um milênio. As fontes de água subterrânea no País de Gales, famoso por sua produção de cristal, continuam a ser poluídas por minas de chumbo escavadas há mais de 2 mil anos.

## Diamantes

Compre um diamante antigo em vez de um novo. Você economizará toda a energia e os custos de mineração associados a trazer uma nova gema ao mercado.

## Louça

Se você preferir louça feita de porcelana ou de ossos de animais, escolha uma variedade que possa ir para a lava-louça. Você economizará cerca de 130 litros de água colocando 40 peças na máquina, em vez de lavá-las uma a uma, na pia.

## Ouro

Pense na ideia de comprar joias antigas ou recicladas. O processo de mineração para produzir um anel normal de ouro 18 quilates consome cerca de 50 mil litros de água e gera 20 toneladas de lama contaminada por cianeto.

Se apenas uma família em cada mil optasse por joias antigas ou recicladas em sua próxima compra, a economia seria de 2 milhões de toneladas de detritos minerais e 5 bilhões de litros de água.

## Prata

Se você escolher um faqueiro feito de aço inoxidável em vez de prata de lei, não só economizará um bom dinheiro, como também poupará a energia usada na mineração de prata. Como a maior parte do aço inoxidável é feita de material reciclado, comprar um faqueiro inox de 40 peças representa uma economia de mais de 1.300kWh de energia.

## Aparelhos eletrônicos

### Aparelhos de som

Em vez de comprar um som tradicional que toca fitas e CDs – duas mídias que, aliás, estão rapidamente ficando obsoletas –, escolha um equipamento de áudio que seja compatível com o seu tocador de MP3. Os sistemas digitais não só são mais baratos do que os antigos três-em-um como também são menores, o que significa menos lixo no final.

### Computadores

Se puder optar, compre computadores de baixo consumo. Nos Estados Unidos, eles recebem o selo de qualidade Energy Star, da Agência de Proteção Ambiental americana.

No Brasil, existe o Selo Procel de Economia de Energia. Equipamentos certificados economizam energia quando não estão sendo usados, têm um consumo até 70% menor, esquentam menos e duram mais. Se um quarto dos americanos trocasse seus computadores convencionais por modelos mais econômicos, a energia que seria poupada ao longo da vida desses computadores daria para iluminar todos os lares do país por mais de um ano.

### Computadores reformados

Pense em comprar um computador reformado. Você deixará de produzir 60kg de lixo e economizará 27 mil litros de água e 2.300kWh de energia associados à fabricação de um aparelho novo.

Se apenas 1% dos 20 milhões de computadores que ficam obsoletos todos os anos fosse trocado por máquinas reformadas, o lixo economizado poderia encher 1.700 caminhões de lixo –, a água conservada poderia encher 73 mil piscinas particulares – e a energia poupada poderia alimentar todos os computadores pessoais existentes nos Estados Unidos por 55 horas consecutivas.

## DVD

Se o seu próximo aparelho de DVD tiver um selo de baixo consumo, você poupará em torno de 30kWh por ano, em comparação com um aparelho convencional.

Se todos os aparelhos de DVD americanos vendidos este ano fossem certificados pelo programa Energy Star, por exemplo, a eletricidade economizada anualmente seria de 837 milhões de kWh – equivalente à quantidade gerada por uma usina nuclear ao longo de 40 dias.

## Fax

Se você ainda não abandonou completamente o papel por causa dos faxes enviados pela internet, você pode economizar espaço no escritório, energia e lixo industrial escolhendo um aparelho de fax que também funcione como impressora, copiadora e scanner. Assim, você economizará cerca de 400kWh de eletricidade por ano. Se 1 em cada 100 lares com escritórios usasse máquinas com múltiplas funções em vez de um fax, uma impressora e uma copiadora, 136 milhões de kWh de energia seriam economizados por ano.

## Laptops x desktops

Se você pretende comprar um novo computador, pense na possibilidade de adquirir um laptop ou um notebook em vez de um computador de mesa. A produção de laptops requer menos material e energia. Além disso, os laptops consomem bem menos eletricidade. Se você escolher um laptop em vez de um desktop, economizará uma média de 220kWh por ano.

## Palmtops

Você pode economizar energia se comprar um palmtop sem funções de que não necessita, especialmente se já tem outros aparelhos com a mesma utilidade: tocar música, ver fotos digitais, mandar mensagens de texto, etc.

Com a mesma quantidade de energia necessária para mandar e receber um único e-mail num palm de tela colorida, você pode mandar e receber mais de 17 e-mails em seu Blackberry. O consumo de energia para tocar dois minutos de música num palm é o mesmo que para tocar 12 minutos num MP3 comum.

Esses assistentes pessoais digitais usam três vezes mais energia para mandar uma mensagem de texto do que um telefone celular. Menos necessidade de energia significa uma vida útil mais longa para a bateria e menos dinheiro gasto ao longo do tempo de utilização do produto.

## Telefones

Se você precisar comprar um telefone novo para o seu quarto ou escritório, pense em comprar um com fio. Você economizará cerca de 28kWh por aparelho anualmente. Telefones comuns, com fio, consomem muito pouca energia; já os sem fio estão puxando eletricidade permanentemente, enquanto carregam ou mesmo quando estão em stand-by.

Se 5% dos lares americanos escolhessem um telefone com fio em vez de um sem fio, a economia de energia totalizaria 140 milhões de kWh por ano.

## Telefones celulares

Evite trocar de aparelho a toda hora e não jogue seu celular antigo no lixo comum. Se possível, doe seu telefone velho.

Se você ficar com cada celular por três anos em vez de um ano e meio, vai efetivamente economizar os recursos usados na fabricação do aparelho.

Se apenas 10% dos usuários de telefones celulares ficassem com seu próximo aparelho por três anos antes de trocar, aproximadamente 5,2 milhões de celulares deixariam de ser jogados fora por ano.

### Televisões

Se você pretende comprar uma televisão de tela plana, pode economizar cerca de 275kWh por ano se escolher uma LCD de 32 polegadas em vez de uma televisão de plasma do mesmo tamanho. Se 5 em cada 100 lares americanos fizessem essa escolha, o total de energia economizado seria suficiente para manter 266 milhões de televisões funcionando por 40 horas.

### Videogames

Se você vai adquirir um videogame, pense em comprar um usado. Você evitará que 4kg de plástico e materiais nocivos acabem num aterro sanitário, além de poupar os recursos e a energia usados na fabricação e no transporte de um jogo novo.

Se apenas 1 em cada 50 videogames comprados por ano fosse de segunda mão, mil toneladas de lixo eletrônico deixariam de ir para os lixões por ano.

"Adotar um estilo de vida verde é fazer tudo de uma forma simples. Tenha consciência do impacto que suas atitudes causam, responsabilize-se por suas ações e respeite o mundo à sua volta.

Gosto de poupar e sempre fui econômica. O bacana é que preservação e economia andam de mãos dadas. Minhas dicas verdes seriam: tome banhos mais curtos, feche a torneira quando escovar os dentes, use um filtro em vez de beber água engarrafada e dê a descarga apenas quando necessário. Apagar as luzes sempre que você sair de um cômodo também faz diferença. Todas essas coisas juntas fazem uma grande diferença. Detalhes são importantes, e nada me enlouquece mais do que o desperdício de recursos. Todos nós podemos fazer o planeta ficar mais bonito!

Não estou dizendo que você deva ser hippie, mas não há mal nenhum em deixar a sua bandeira verde tremular! A chave é você se importar consigo mesmo, com sua família, com seus amigos e com o mundo. Aí o círculo se fecha.”

**Tyra Banks,**
modelo e atriz

# 8

# Beleza e saúde

## Espelho, espelho meu, existe alguém mais verde do que eu?

### QUADRO GERAL

Ter uma boa aparência pode acabar mal para você – e para o planeta.

A indústria da beleza e da saúde movimenta US$160 bilhões por ano, sem qualquer preocupação especial com o tamanho das embalagens e com o uso de toxinas em seus produtos. Até produtos naturais de cuidados com a pele precisam de apenas 1% de ingredientes naturais para ser chamados de "naturais"; o resto pode ser feito pelo homem. Como absorvemos cerca de 60% de qualquer substância aplicada na pele, podemos assimilar até 2kg de produtos químicos pelo corpo por ano.

Embora nem todo mundo ande por aí parecendo um boneco de cera, investimos muito tempo e dinheiro para ficar bonitos. Os americanos gastam sete vezes mais dinheiro por ano em produtos de beleza do que o governo federal gasta em educação. Boa parte do custo para as pessoas (e para o meio ambiente) está nas embalagens. Quanto perfume realmente existe dentro daquele grande vidro dentro daquela caixa maior ainda que você coloca em sua sacola de compras? Grandes embalagens são, em sua maior parte, uma ferramenta de marketing. Pense assim: cada um de nós consome cerca de 90kg de plástico por ano, e cerca de 27kg são de embalagens que jogamos fora.

É claro que não estamos falando apenas de produtos de beleza, mas também do material para higiene pessoal. Mais de 2 bilhões de lâminas descartáveis são compradas todos os anos – e se chamam "descartáveis" por um motivo: todos aqueles cabos de plástico e lâminas de metal acabam no lixo. Lá ficarão ao lado das mais de 22 mil toneladas de escovas de dentes usadas que vão parar nos lixões todos os anos também. A maior parte dos vidros de xampu é feita de plástico virgem. Condicionadores e óleos para o corpo tampouco fazem bem ao planeta. Sabonetes contêm aditivos nocivos. E ainda existem os desodorantes e antitranspirantes feitos de sais adstringentes de alumínio, zinco e zircônio para fechar os poros e reduzir a transpiração. A mineração de alumínio destrói a paisagem, polui a água e consome grandes quantidades de energia.

Mas, veja bem, não estamos dizendo "não escove os dentes, não faça a barba e seja fedorento" – especialmente depois de uma hora de malhação. Apenas seja consciente.

E, por falar em exercícios físicos, existem cerca de 40 milhões de pessoas que frequentam alguma academia nos Estados Unidos. Elas usam água, toalhas, garrafas d'água e copinhos de plástico repetidamente, sem se preocuparem com o desperdício.

## Passos simples

1. **Leve uma garrafa com água filtrada sempre que for à academia.** Você poderia economizar uma média de US$200 por ano, além de 6kg de plástico. Se 1 em cada 20 frequentadores de

academia levasse uma garrafa d'água de casa, a economia anual seria de 13 mil toneladas de plástico.

2. **Compre um barbeador de qualidade com lâminas substituíveis.** Barbeadores de plástico descartáveis não são recicláveis nem biodegradáveis e requerem muito mais energia em sua produção. Se, no próximo ano, você deixasse de comprar barbeadores descartáveis e passasse a trocar apenas as lâminas de um barbeador comum, a quantidade de energia economizada seria suficiente para ferver cinco jarras de café.

3. **Se o tempo estiver bom, deixe a esteira de lado e faça sua caminhada ou corrida ao ar livre.** Uma redução de 25% do tempo de uso da esteira, trocada por exercícios em parques ou pistas, pouparia cerca de 60kWh por ano. Se mais 10% dos americanos que se exercitam caminhando passassem a fazer isso ao ar livre, em vez de na academia ou em casa, a energia economizada daria para um carro percorrer 65.000km.

## PEQUENAS COISAS

### Na academia

#### Absorventes

Compre absorventes orgânicos. Os pesticidas e a água sanitária usados em absorventes convencionais, de algodão, poluem o ar, a água e o solo.

#### Equipamento

Tente fazer seus exercícios em equipamentos que não precisem de uma fonte externa de energia. Escolha, por exemplo, a bicicleta ergométrica, em vez da esteira ou do simulador de escadas. Para uma sessão de exercícios de 40 minutos, você economizaria 0,8kWh de energia – o mesmo que queimaria em uma corrida de 11km. Se, durante um ano, você deixasse a esteira de lado e andasse de bicicleta cinco vezes por semana, pouparia 160kWh – mais ou menos o que gastaria se corresse os 2.223km da autoestrada americana Interstate 5, do México à fronteira do Canadá.

## No chuveiro

Se você tem o hábito de tomar banho diariamente de manhã, antes do trabalho, e depois novamente à noite, após ir à academia, analise a possibilidade de malhar de manhã e tomar apenas um banho por dia. Ao longo de um ano, você poderia poupar mais de 110 mil litros de água – o suficiente para encher uma piscina média.

## Sauna seca e a vapor

Tente desligar a sauna quando acabar de usá-la. Você poupará cerca de 0,1kWh por minuto em que a sauna não estiver ligada. Se metade das saunas dos Estados Unidos fosse desligada um minuto antes diariamente, a economia anual seria próxima de 70 milhões de kWh, o suficiente para refrigerar quase 25 mil casas durante o verão inteiro da Costa Leste.

## Toalhas

Leve sua própria toalha para tomar banho depois de malhar, em vez de usar uma fornecida pela academia. Você não apenas reduzirá sua exposição a detergentes agressivos, água sanitária e desinfetantes, como também ajudará a economizar água e eletricidade. Se apenas 1% dos frequentadores de academias americanas começassem a levar suas próprias toalhas, 4 mil cargas a menos de roupa suja seriam lavadas por dia – uma economia anual de 136 milhões de litros de água.

## Exercícios ao ar livre

### Bicicleta

Pedale pela manhã na ciclovia. Você pode minimizar a quantidade de fumaça que respira ficando fora de zonas de tráfego intenso e fazendo seu exercício bem cedo, quando os níveis de poluição são menores.

### Natação

Se você puder escolher, nade numa piscina salinizada ou ionizada por um purificador solar, em vez de numa com cloro. Piscinas esterilizadas com sais ou ionização não só são melhores para o meio ambiente, mas também para sua pele, seus olhos, seus cabelo e seus pulmões.

### Trilhas

Minimize o impacto ambiental das caminhadas em trilhas deixando para trás apenas pegadas, sem jogar lixo fora nem se desviar dos caminhos já estabelecidos.

## Na frente do espelho e no banheiro

### Algodão

Verifique se o algodão que você compra é autêntico, já que algumas marcas contêm poliéster. A produção de poliéster – uma resina sintética – usa 67% mais energia do que a de algodão. Além disso, prefira o algodão orgânico ou que não tenha sido banhado em cloro, melhor para a saúde de sua família e para o meio ambiente.

### Base

Escolha uma base que venha em um pote de vidro reciclável (ou reutilizável) em vez de uma que venha num tubo ou pote de plástico não reciclável. Com a energia poupada na produção da embalagem plástica, você pode deixar a lâmpada do seu espelho de maquiagem acesa por mais de sete horas. Se uma em cada 20 mulheres escolher o vidro em vez do pote de plástico em sua próxima compra de base, a energia poupada será suficiente para encher um tanque de gasolina uma vez por semana por 24 anos.

## Batom

Uma mulher pode ingerir inadvertidamente quase 2kg de batom ao longo da vida, então é melhor escolher um batom à base de derivados de plantas em vez de óleos sintéticos, ceras de parafina e tintas de piche de carvão tóxicas. Se uma em cada 5 usuárias de batom optasse por marcas feitas com plantas, o consumo total de petróleo diminuiria em mais de 370 toneladas por ano.

## Condicionador

Pense na ideia de comprar um xampu dois-em-um, que inclui o condicionador, em vez de comprar cada um separadamente. Você não só economizará em dinheiro e embalagens, mas também poupará tempo e água ao reduzir a duração do seu banho.

## Delineador

Você pode minimizar o desperdício comprando lápis de olho em vez de delineadores líquidos em embalagens de plástico. A madeira é biodegradável, enquanto a maior parte dos plásticos, não. Se uma em cada 20 usuárias optasse pelos lápis de olho em vez do delineador líquido, cerca de 5 toneladas de plástico seriam poupadas por ano.

## Desodorante

Quando comprar desodorante, tente evitar os antitranspirantes, que usam sais de alumínio para tampar seus poros. Além de ser potencialmente tóxico, o alumínio demanda uma quantidade enorme de energia para ser extraído. Se você comprar um desodorante sem alumínio, a energia economizada pode abastecer seu laptop por 30 minutos.

## Esponjas

Em vez de comprar uma esponja de náilon sintético, opte por uma natural e biodegradável ou por um paninho simples e reutilizável. Como o náilon é derivado do petróleo e não pode ser reciclado, você poupará a energia usada em sua fabricação, além do custo ambiental de se jogar fora esse tipo de material.

## Gel e creme de barbear

Se você escolher comprar gel de barbear (em vez de usar sabão ou sabonete líquido), evite as variedades com aerossol. Embora os aerossóis não prejudiquem mais a camada de ozônio, eles passaram a usar derivados de petróleo como propulsores que são descarregados junto com o produto que você espalha na pele. Se 10% dos lares escolhessem alternativas para os géis e espumas de barbear em aerossol, a economia de petróleo advinda apenas desses derivados poderia iluminar 270 mil casas por um mês.

## Loções

Se a loção que você usa normalmente vem com uma bombinha para aplicação, você pode evitar mandar esse equipamento para o lixo se comprar um refil e reutilizar a bombinha. Se, pelo menos uma vez, 10% dos lares americanos comprassem um pote de loção sem bomba de aplicação, a economia de plástico seria de cerca de 110 toneladas por ano.

## Óleo de bebê

Tente escolher óleos feitos de sementes de frutas e castanhas, em vez daqueles derivados do refino de petróleo. Muitos óleos minerais são derivados da produção de gasolina.

### Perfume/Colônia

Tente mudar para um perfume que contenha ingredientes botânicos, puros e naturais. A maior parte das fragrâncias contém produtos químicos derivados de petróleo, responsáveis por efeitos negativos sobre o meio ambiente.

### Rímel

Escolha um rímel feito de plantas e minerais em vez de derivados de petróleo. Se essa, entretanto, não for uma opção viável para você, evite as marcas que vêm embaladas com plástico bolha e papelão. Esse desperdício contribui para o fato de que mais de um quarto do volume do lixo americano seja de embalagens – 240kg por pessoa por ano, em média.

### Sabonete

Use sabonete em barra em vez de líquido. É mais barato e economiza embalagem. Uma barra de sabonete dura cerca de 20 banhos, enquanto um vidro de sabonete líquido de 400ml dura em média oito banhos. Mas os sabonetes líquidos custam em geral quatro vezes mais do que os sabonetes tradicionais. Se cada lar americano trocasse um vidro de sabonete líquido por uma barra de sabão, cerca de 1.100 toneladas de embalagens plásticas escapariam dos lixões.

### Sais e espumas de banho

Se você gosta de usar sais ou espumas de banho, tente escolher as variedades concentradas. Por exemplo, marcas de espuma de banho que recomendam uma colher de chá (ou uma tampinha) por banho vão durar o dobro do tempo daquelas que sugerem duas tampinhas por banho. Se 1 em cada 100 lares americanos diminuísse suas compras de espuma de banho dessa forma, a economia anual seria de 113 toneladas de plástico.

### Sombra de olho

Se você usar sombra, escolha um estojo que permita a substituição individual de cada cor de sombra. Cada vez que você comprar um refil em vez de um pacote inteiro reduzirá seus custos, a quantidade de energia usada para produzir e transportar a embalagem de plástico duro, vidro ou cromo (alguns vêm com espelhos) e a quantidade de lixo jogada fora quando acaba o produto. Se uma em cada 25 mulheres optasse por um estojo de sombras com refil, cerca de 160 toneladas de embalagens de cosméticos seriam poupadas por ano.

### Tintura de cabelo

Se você compra tinturas de usar em casa, pode causar menos impacto no meio ambiente se escolher tintas semipermanentes, com pigmentos à base de plantas, em vez de variedades permanentes, com tinta sintética.

### Xampu

Procure embalagens de xampu feitas de plástico reciclado, que diminuem a quantidade de lixo produzida. Além disso, para se fazer plástico reciclado gasta-se menos energia do que para produzir plástico virgem. Se 1 em cada 10 lares americanos comprasse xampu numa embalagem de material reciclado, a energia poupada poderia alimentar 160 casas por um ano inteiro.

"A maioria das pessoas sabe que o meu principal patrocinador no circuito Nascar de corridas é a Budweiser. Juntos, ganhamos muitas corridas, como as 500 Milhas de Daytona.

O que muita gente não sabe – e eu mesmo não sabia, até recentemente – é o que a Anheuser-Busch, companhia que fabrica a Budweiser há mais de 125 anos, faz para ajudar o mundo. A Anheuser-Busch é uma das maiores recicladoras de alumínio do planeta. Ela recicla mais latas do que vende.

Além disso, a empresa reduziu a quantidade de alumínio usada em cada lata, para economizar recursos naturais. E também criou programas para proteger a vida selvagem.

Na próxima vez que for tomar uma gelada com os amigos, não deixe de reciclar suas latas. São boas as chances de que, em cerca de 60 dias, elas apareçam novamente nas prateleiras."

**Dale Earnhardt Jr.**,
piloto americano

9

# Esportes

## Nunca entre em campo sem sua garrafa d'água

### QUADRO GERAL

Mais de 350 milhões de pares de tênis esportivos são vendidos nos Estados Unidos a cada ano. Cada uma dessas 700 milhões de solas percorre cerca de 640km antes de ficar desgastada. Depois, encontra seu repouso final no lixo.

Além disso, bolas, capacetes, bastões, luvas, protetores de queixo e outros tipos de equipamentos esportivos são frequentemente feitos de PVC, um tipo de plástico amplamente usado, que pode ser duro ou macio, mas não pode ser reciclado.

É claro que você pode usar suas velhas bolas de tênis para brincar com o melhor amigo do homem, mas os 30 milhões de bolas novas fabricadas todos os anos são geralmente vendidos em tubos de plástico pressurizado, que não são bons como brinquedos caninos. Isso quer dizer que eles acabam na lata de lixo, junto com os 60 milhões de garrafas plásticas de água que jogamos fora todos os dias.

Como a maior parte dos atletas lhe dirá, a água é fundamental no mundo dos esportes – ela revigora o corpo. A terra em que os esportes são jogados precisa de revigoramento também, e isso exige mais $H_2O$. Os campos de golfe do mundo usam 9,5 bilhões de litros de água por dia em irrigação. A mesma quantidade de água é necessária para o consumo de 4,7 bilhões de pessoas por dia – bem próximo da população do mundo inteiro. Os campos de golfe também usam pesticidas e fertilizantes que poluem as águas.

Mas não vamos bater só na comunidade do golfe. Nadadores e jogadores de futebol também fazem sua parte. Jogos noturnos também causam poluição, por causa dos refletores acesos. Aliás, a superiluminação é responsável por aproximadamente 2 milhões de barris de petróleo por dia em energia desperdiçada.

## Passos simples

1. **Pense em alugar equipamentos de esportes em vez de comprá-los.** Em vez de desperdiçar dinheiro e encher sua casa de equipamentos que você sabe que não conseguirá aproveitar mais que uma ou duas vezes por ano, alugue. Você vai reduzir a energia necessária para produzir uma peça a mais de equipamento e diminuir a quantidade de lixo eventualmente enviada ao lixão.
2. **Tente comprar tênis esportivos e botas de escalada feitos com solas recicladas.** Assim você ajuda a reduzir a quantidade de lixo e o gasto com energia. A energia economizada na produção de um único par de solas esportivas que usa 25% de borracha reciclada pode alimentar sua televisão durante mais de 11 horas. Se cada tênis esportivo vendido este ano tivesse uma sola com 25% de borracha reciclada, a borracha economizada daria para produzir mais 92 milhões de pares de solas.

3. **Quando você praticar esportes ao ar livre, tente não deixar lixo nas quadras e jogue no lugar adequado todo lixo que encontrar.** Se todos os fãs de esportes catassem e jogassem no lugar apropriado um item de lixo por ano, mais de 1.480 toneladas, ou o suficiente para encher 185 caminhões, deixariam de sujar trilhas, praias, lagos, rios, florestas, oceanos e outros ecossistemas frágeis.

## PEQUENAS COISAS

### Equipamento

#### Bicicletas

Escolha uma bicicleta com um quadro de aço em vez de alumínio, e você poupará no mínimo 25kWh de energia. Quadros de aço podem ser feitos com material reciclado, enquanto os de alumínio precisam ser manufaturados a partir de minério novo, virgem, portanto sua fabricação requer mais energia. Mesmo que o aço não seja reciclado, o gasto de energia na manufatura do quadro ainda é menor do que quando se usa alumínio. Se mais 10% das bicicletas vendidas por ano tivessem quadros de aço, seria poupada a energia equivalente à quantidade de gasolina necessária para abastecer 2.400 carros por um ano.

#### Bolas

Se você compra bolas de tênis (para você ou para seu cão), pense em comprar as que não vêm em tubos pressurizados. Bolas de tênis sem pressão não só duram mais do que as pressurizadas, como também são vendidas em uma caixa de papel reciclável ou em um saco de malha reutilizável. Se mais 25% dos 360 milhões de bolas de tênis fabricadas todos os anos fossem sem pressão, daria para fazer uma fila com os tubos de plástico economizados que iria do Queens, em Nova York, até Wimbledon, em Londres.

## Bolsas

Escolha bolsas e mochilas esportivas feitas de material reciclável, em vez de poliéster virgem ou PVC, que são menos recicláveis. Para cada bolsa comprada, você poderia evitar que o equivalente a 15 garrafas de refrigerante de 2 litros fosse parar em lixões. Se 1% dos americanos que participam de atividades ao ar livre todos os anos comprassem uma bolsa de material reciclável, mais de 80 toneladas de plástico escapariam do lixo.

## Capacetes

Procure capacetes de material que possa eventualmente ser reutilizado ou reciclado e você ajudará a reduzir o volume de lixo não biodegradável nos aterros. Se uma em cada 20 crianças americanas que andam de bicicleta usasse um capacete feito com material reciclável, 80 toneladas deles escapariam de ir para os lixões todos os anos.

## Doação

Doe seus equipamentos esportivos. Você vai contribuir para uma boa causa, poupar recursos usados na fabricação de novos equipamentos e retardar a ida de seus objetos para lixões.

## Equipamentos em geral

Procure versões mais leves de artigos como bastões, raquetes, bicicletas, tacos de hóquei ou de golfe, que são feitos de resinas compostas. Eles são mais duráveis do que os de madeira ou de metal e ajudam a conservar recursos, economizar energia e reduzir a quantidade de lixo mandado para os aterros sanitários.

## Equipamento usado

Tente comprar equipamento usado. O mercado de usados movimenta cerca de US$1 bilhão e representa a revenda de centenas de milhares de esquis, tacos de golfe, esteiras, equipamento de camping e bicicletas ergométricas. Se 5% do dinheiro gasto em equipamentos esportivos novos fosse direcionado a artigos de segunda mão, os americanos poderiam economizar US$250 milhões por ano, o bastante para comprar painéis solares para 20 mil casas.

## Garrafas de água

Se 2 em cada 3 fãs de esportes enchessem suas garrafas com água filtrada em vez de comprar novas, seriam poupadas tantas garrafas de plástico quantas pessoas existem nos Estados Unidos.

## Luvas

Evite comprar luvas feitas de vinil ou de PVC. A produção de PVC contribui para a poluição tanto do ar quanto da água. Além disso, o PVC requer muita energia em sua reciclagem e é altamente tóxico quando queimado.

## Pranchas de surfe

Ajude a reduzir a quantidade de lixo comprando pranchas de surfe feitas de material reciclável (como espuma de poliestireno) e cobertas com uma resina epóxi, em vez de pranchas fabricadas com outros materiais e cobertas de poliéster e fibra de vidro. As pranchas de epóxi não apenas são mais leves, como também duram, em média, cinco vezes mais. Se apenas 1 em cada 50 surfistas no mundo decidisse comprar um modelo de poliestireno reciclável, as pranchas que escapariam dos lixões poderiam ser enfileiradas por 3.800km, de Waimea Bay, no Havaí, a Ocean Beach, na Califórnia.

### Raquetes de tênis

Em vez de escolher uma raquete encordoada com fibras não renováveis, como náilon ou poliéster, escolha uma com cordas naturais. Se mais 20% das raquetes novas vendidas por ano fossem feitas de cordas naturais em vez de sintéticas (normalmente derivadas de petróleo), a energia economizada seria equivalente a mais de 85 mil litros de gasolina. Além disso, o uso de material sintético seria reduzido em 11 toneladas por ano. Ou seja, as cordas de 800 mil raquetes.

### Tacos de golfe

Infelizmente, o golfe perde o mesmo número de praticantes que ganha a cada ano. Então, se você é iniciante e planeja comprar tacos novos, comece com meio conjunto. À medida que for melhorando suas tacadas, você pode adquirir outros tacos. Mas, se você desistir desse esporte, terá gasto menos e economizado matéria-prima e outros recursos usados na fabricação dos tacos.

### Tapetes para ioga

Compre tapetes para ioga feitos de materiais à base de plantas, como borracha natural, juta ou algodão, em vez de plásticos derivados de petróleo ou outros materiais sintéticos. Evite especialmente as marcas que contêm o ambientalmente tóxico PVC. Se todos os praticantes de ioga americanos comprassem um tapete natural em vez de um sintético, evitariam a produção e o eventual descarte de 21 mil toneladas de PVC. Se esses tapetes de PVC fossem empilhados, atingiriam mais de sete vezes a altura do monte Everest.

## Jogando e participando

### Basquete, vôlei e jogos de quadra

Quando for jogar de dia, dê preferência a quadras ao ar livre. A iluminação de um ginásio pode consumir mais de 60.000kWh por ano, sendo que boa parte dessa energia é usada desnecessariamente durante o dia.

## Ciclismo

Tente reciclar os velhos pneus de sua bicicleta e as câmaras de ar, em vez de jogá-los fora. Você evitará que cerca de 900g de borracha cheguem a aterros sanitários e pode ajudar a fornecer material para uma bolsa nova, um par de botas de escalada ou mesmo uma ciclovia.

## Esqui ou snowboard

Quando estiver esquiando ou andando de snowboard, não saia das pistas e trilhas estabelecidas e evite entrar em terrenos ecologicamente sensíveis. Você ajudará a preservar as paisagens naturais existentes e reduzirá a taxa de erosão nessas áreas. Se todos os 12,9 milhões de esquiadores e praticantes de snowboard seguissem essas regras, certamente evitariam muitas das mais de 30 mil contusões que ocorrem a cada inverno na prática desses esportes.

## Futebol

Se você puder escolher entre jogar futebol na grama natural ou na sintética, escolha a natural. Ela é renovável e os pedaços cortados podem ir para compostagem. A grama produz oxigênio, remove poluentes do ar, filtra a água da chuva, facilita a renovação das águas subterrâneas e ajuda a manter a temperatura da superfície mais fresca. A produção de grama sintética demanda muita energia e utiliza materiais que não são recicláveis. Embora os campos artificiais exijam menos manutenção do que os naturais, eles têm um tempo de uso mais restrito – em média, duram apenas 10 anos. Depois disso a grama sintética precisa ser arrancada e mandada para um lixão.

## Golfe

Experimente visitar campos de golfe preocupados com a conservação de recursos, que se comprometeram com a redução do consumo de água e de produtos químicos, com a preservação das paisagens nativas e com a proteção da fauna. Só as melhoras na irrigação podem fazer com que um campo economize uma média de 7 milhões de litros de água por ano.

## Surfe

Quando você estiver procurando melhores acessos à praia, siga com seu carro por estradas pavimentadas ou caminhos já abertos. Jamais dirija por entre as dunas. Você economizará gasolina, protegerá os habitats costeiros, evitará a erosão e assegurará um futuro de bom surfe. Também é importante variar os seus horários de cair na água, para evitar que as praias e acessos fiquem muito cheios.

## Tênis

Jogue tênis ao ar livre durante o dia, para evitar o uso da iluminação das quadras à noite. A iluminação de uma única quadra de tênis pode consumir mais de 4.700kWh de energia por ano, o suficiente para abastecer uma casa média por cerca de seis meses.

"Sempre me preocupei com a saúde. Afinal, como atleta profissional, tenho que ser saudável. E, para isso, preciso comer direito e me exercitar, ou seja, fazer o que é certo para ficar em forma. Por outro lado, isso pode contribuir para a preservação do planeta.

Quanto mais saudável for a sua alimentação, menos você consumirá alimentos com pesticidas, produtos químicos ou elementos cuja fabricação crie muito lixo tóxico. Pegue as frutas e os legumes, por exemplo: se você escolher certos tipos orgânicos, diminuirá sua exposição a pesticidas.

Exercício também é bom para o planeta. Quanto mais tempo você passa correndo, pedalando, nadando, levantando peso ou qualquer coisa assim, menor a sua chance de usar algo que consome energia, como o seu carro ou a televisão.

Mantendo-se saudável você também deixa o planeta em forma.”

**Tiki Barber,**
ex-jogador da Liga Nacional de Futebol Americano

# 10

# Dinheiro e finanças

## O dinheiro faz o mundo girar

### QUADRO GERAL

Visitas ao banco são uma das maiores fontes de lixo do planeta: extratos e recibos dos caixas eletrônicos são jogados pelos cantos sem qualquer preocupação. Só nos Estados Unidos são 8 bilhões de operações por ano em caixas eletrônicos, que representam a retirada de US$600 bilhões em dinheiro vivo – muita grana para fazer o mundo girar. Infelizmente, o planeta está pagando por todas essas retiradas ao suportar o desperdício de papel que é gerado.

Sem falar nos cheques emitidos, aproximadamente 37 bilhões por ano, gerando mais desperdício de papel. Além disso, a típica família americana tem quatro cartões de crédito. No total, isso significa que existem cerca de 400 milhões de cartões de plástico circulando naquele país. Colocados um em frente ao outro, eles pavimentariam uma estrada de 34.000km.

Mas o problema não se limita aos cartões. Mensalmente, chega pelo correio a fatura de cada cartão junto com boletins informativos e promocionais. Às vezes a fatura ocupa apenas uma página. Mas na época de maiores gastos – por exemplo, dezembro – ela pode ter várias páginas. O custo de processamento de papel é enorme.

Mas todo o desperdício de papel é pouco em comparação com a quantidade de dinheiro que muda de mãos. Cerca de 19 bilhões de ações circulam pelo mundo todo diariamente. Imagine se todo o dinheiro fosse investido em boas causas, como as das companhias que se preocupam com a preservação do planeta. Com US$20 trilhões em ações para escolher, os investidores podem optar por aplicar em companhias socialmente responsáveis.

## Passos simples

1. **Não pegue o recibo do caixa eletrônico.** Recibos de caixas eletrônicos são uma das maiores fontes de lixo jogado pelas ruas no planeta. Se todos nos Estados Unidos optassem por não imprimir recibos de suas movimentações, seria poupado um rolo de papel com comprimento equivalente a 15 vezes a linha do equador.
2. **Peça que seu salário seja depositado automaticamente.** Você não só vai receber seu dinheiro mais rápido, como também reduzirá o tempo e o combustível gastos em uma ida ao banco. Mais de 7 bilhões de cheques são emitidos anualmente, sendo que poderiam ser substituídos por depósitos automáticos. Se as pessoas optassem por depósitos automáticos, seriam poupados cerca de US$65 bilhões em combustíveis e tempo perdido.
3. **Receba faturas on-line.** Se todos os lares trocassem as faturas em papel pelas on-line, o dinheiro economizado daria para mandar mais de 17 mil estudantes do ensino médio para uma universidade pública por um ano.

## PEQUENAS COISAS

### Banco on-line

Receba suas contas, faça pagamentos e verifique seu extrato bancário via internet. Usando as facilidades do banco eletrônico em sua casa, você não desperdiçará tempo e energia dirigindo e esperando na fila do caixa.

### Cheques

Use cartões de débito em vez de cheques. Se todos aqueles que usam cheques fizessem pagamentos eletrônicos em seu lugar, seriam poupados US$4 bilhões apenas em custos de papel.

### Consultores

Encontre um que seja socialmente consciente. Existem cerca de 600 mil corretores de ações nos Estados Unidos, mas menos de 2 mil dizem que investem pensando no meio ambiente. Encontre um deles, e incentive outros a pensar no verde.

### Contabilidade sem papel

Tente administrar seu orçamento com uma planilha eletrônica, em vez de manter uma contabilidade em papel.

### Demonstrativo de investimentos

Não use papel. Se todos os investidores americanos recebessem demonstrativos on-line, o papel economizado encheria a Bolsa de Nova York do chão ao teto.

### Folhetos

Leia folhetos de investimento on-line em vez de informativos em papel (você deve receber um, de qualquer fundo em que investir). É mais fácil procurar na internet por informações importantes do que ficar virando páginas. Se todos os investidores escolhessem essa opção, a economia em custos de impressão seria de US$1 bilhão no total.

### Formulários de impostos

Pegue seus formulários na internet. É mais simples e você consegue preenchê-los mais rapidamente. Nos Estados Unidos, mais de 72 milhões de formulários de impostos são preenchidos na internet, sendo que 20 milhões em computadores domésticos. Se todas as declarações de impostos fossem preenchidas eletronicamente, seriam poupados pelo menos 660 milhões de folhas de papel – que, empilhadas, teriam a altura somada de 36 mil agentes da Receita Federal, de 1,80m cada um.

### Investimento socialmente responsável

Tente comprar ações e produtos ecologicamente corretos. Existem mais de 200 fundos de investimento – de um universo de cerca de 8 mil fundos mútuos – que são social e ambientalmente conscientes.

### Pagamentos eletrônicos

Pague suas contas eletronicamente. Se todos os lares pagassem suas contas de cartão de crédito pela internet, seriam economizados cerca de US$2 bilhões por ano em custos de postagem, o suficiente para pagar as contas médias dos cartões de crédito de 250 mil pessoas.

### Saques e depósitos

Não pegue um formulário. Use um caixa eletrônico em vez de um funcionário do banco. Uma transação eletrônica custa muito mais barato do que a mesma operação na boca do caixa. Se todos os caixas de banco cuidassem de menos um formulário de depósito por hora, pelo menos 4 milhões de folhas de papel seriam poupadas por dia.

"Comecei a dirigir um carro híbrido há alguns anos e me sentia um pouco envergonhado por isso. Eu ficava me justificando, dizendo que 'apesar de toda a questão ecológica, o carro era muito bom'. No fundo não queria que me associassem a nenhum grupo ou movimento ambientalista.

Mas a verdade é que o carro acabou me tornando mais consciente. Deixei de me preocupar se estava me tornando um ecochato e comecei a pensar em outras maneiras de me tornar 'verde'.

A comida orgânica foi fácil: sempre gostei da ideia da alimentação saudável, mas nunca tinha me esforçado muito para implementá-la. Hoje isso faz parte do meu dia a dia, e me sinto muito melhor. Comecei a usar toalhas de papel reciclado e produtos de limpeza menos tóxicos. Depois, li que você pode instalar painéis solares para converter a energia da luz do Sol em energia elétrica, e que eles se pagam com o passar do tempo (muito, muito tempo). Atualmente tenho esses painéis lá em casa.

Passei até a me preocupar com a minha pegada de carbono – uma explicação para os iniciantes: a pegada de carbono é uma forma de calcular quanto gás carbônico nós produzimos em nossa vida diária, isto é, o impacto ambiental do nosso consumo pessoal, seja com gasto de eletricidade, combustível de carro, etc. Agora, não me preocupo mais em ser confundido com um ambientalista... até gosto da ideia.

Amo este planeta, amo a natureza e adoro andar na praia ao pôr do sol. Se isso me faz soar como a Miss Fevereiro falando de si própria na *Playboy*, tudo bem."

**Owen Wilson,**
ator

11

# Construção

## Se a obra for verde, eles virão

### QUADRO GERAL

Mais de 1 milhão de casas são construídas nos Estados Unidos todos os anos. Uma quantidade enorme de madeira, metal e concreto é usada, sem falar na escavação e nas marteladas. Aliás, o uso da terra e da madeira na construção de novas casas é responsável por cerca de um quarto do impacto total do homem sobre a vida selvagem e os ecossistemas naturais. Pense no tamanho do efeito causado quando se somam vigas de aço, alicerces de cimento, telhas, carpete, estuque, janelas e isolamento. Seis por cento da poluição da água vem da fabricação de material de construção para novas residências, e, em termos de energia, o uso é colossal.

A questão não é apenas o número de casas sendo construídas, mas também o fato de as casas serem cada vez maiores. A casa americana média hoje em dia é duas vezes o tamanho do lar típico na Europa ou no Japão e 26 vezes maior do que uma moradia na África.

Qual a utilidade de tanto espaço extra? Quartos para brincar. Salas de TV e home theater. Escritórios. Salas de visitas. Lavanderias. Cozinhas maiores. Banheiros maiores. Os closets dele e dela. E mais. Não importa a proposta do espaço, muita energia é gasta para manter os aposentos em temperaturas agradáveis, os quartos bem iluminados e os eletrodomésticos e aparelhos eletrônicos funcionando. Mas não precisa ser assim.

Cerca de 80% das novas casas não usam a eletricidade de maneira eficiente, quando poderiam facilmente fazê-lo. A água também não é aproveitada com inteligência. O típico lar americano desperdiça cerca de 30 mil litros de água por ano apenas esperando que ela esquente. O ato de regar o gramado nos Estados Unidos demanda cerca de 30 bilhões de litros de água.

Até a posição de uma casa em relação ao sol e ao vento pode implicar um aumento de 25% nos gastos com aquecimento. A quantidade total de energia que se esvai pelas janelas a cada ano no país equivale à energia anual trazida pelo oleoduto do Alasca.

## Passos simples

1. **Compre aparelhos e eletrodomésticos com selos de baixo consumo.** Casas que usam produtos certificados com selos de economia de energia automaticamente se tornam mais eficientes e podem poupar US$600 por ano em custos de eletricidade.
2. **Instale encanamento de baixo fluxo.** Uma casa média, com três pessoas, pode reduzir seu consumo de água em 200 mil litros anuais e diminuir sua conta de água em US$60 por ano se uma instalação hidráulica eficiente for usada. Se todos os lares americanos usassem encanamento de baixo fluxo, seriam economizados US$6 bilhões, ou o suficiente para se comprar uma garrafa de água para cada habitante da Terra.

**3. Compre ventiladores de teto.** Os ventiladores de teto são muito mais econômicos do que os aparelhos de ar condicionado. Mais de 75% dos lares americanos usam ar-condicionado e, fazendo isso, desperdiçam US$12 milhões por hora em custos de energia, quando ventiladores de teto seriam suficientes.

## PEQUENAS COISAS

### Acabamentos

Você pode evitar toxinas nocivas, produtos químicos poluentes e solventes à base de petróleo se comprar verniz, sinteco e acabamentos que contenham pouco ou nenhum composto orgânico volátil. Os compostos orgânicos voláteis (COV) são o principal causador da poluição do ar, e a economia feita com acabamentos com pequena quantidade deles é a mesma que você faria se não saísse de carro por um ano. Se metade dos pisos de madeira instalados por ano fosse coberta com produtos mais limpos, o efeito seria o equivalente a eliminar as emissões de COV de quase 2 mil carros.

### Ar-condicionado

Compre aparelhos de ar condicionado mais econômicos. O proprietário de uma casa gasta, em média, mais de US$220 por ano com refrigeração. Nos Estados Unidos, os aparelhos com o selo Energy Star utilizam 20 a 40% menos eletricidade do que os convencionais. Se todas as casas novas fossem equipadas com esses modelos de ar-condicionado, daria para economizar uma quantia equivalente à arrecadada para as vítimas do furacão Katrina, cerca de US$100 milhões.

### Áreas virgens x áreas habitadas

Em vez de construir uma casa ou negócio em áreas virgens, pense em instalar-se em lugares que já tenham uma infraestrutura montada. Você ajudará a reduzir o crescimento urbano, preservará fontes de água, peixes e habitats de animais selvagens. Se todas as novas construções fossem transferidas para regiões já habitadas, mais de 800 mil hectares seriam preservados anualmente.

### Árvores

Você poderia economizar mais de 20% com ar-condicionado por ano plantando duas árvores que forneçam sombra, uma de cada lado de sua casa. Se árvores frondosas fossem plantadas em volta de 25% dos lares com ar-condicionado, a economia de energia seria suficiente para fechar três usinas de energia a carvão.

### Bancadas de banheiro

Se você está planejando comprar uma bancada de plástico duro para o seu banheiro, pense em adquirir uma feita 100% de material reciclado. Você evitará que cerca de 18kg de plástico acabem em aterros sanitários. Se 1 em cada 10 banheiros reformados fosse equipado com uma bancada de plástico reciclado, 9 mil toneladas de plástico deixariam de ir para o lixo, peso equivalente a 4 milhões de assentos plásticos de vaso sanitário.

### Bancadas de cozinha

Se você escolher um material durável, como granito ou aço inoxidável, ou então azulejos com 50% a 100% de material reciclado para a bancada da sua cozinha, reduzirá o gasto de energia e o desperdício associados à produção de novos materiais. Entretanto, como poucas bancadas são recicláveis (com a exceção do aço inox), o melhor que você pode fazer pelo meio ambiente é escolher uma que tenha vida útil longa e que seja capaz de sobreviver àquela mania de reformar a casa a cada 10 anos.

### Barreiras para o vento

Você pode proteger sua casa dos efeitos dos ventos do inverno fazendo uma barreira com uma fileira grossa de arbustos e pequenas árvores. Se uma em cada 10 casas em zonas rurais plantasse árvores formando uma barreira assim, a energia economizada daria para aquecer 57 mil casas no Alasca por um ano inteiro.

### Características naturais do lugar

Leve em consideração a paisagem natural quando construir, e você pode economizar nos custos da obra. Canteiros de obras sustentáveis reduzem os custos na preparação da terra, na construção e na manutenção da infraestrutura.

### Cimento e gesso

Compre cimento feito com, pelo menos, 75% de material reciclado. Você também pode pensar em usar gesso sintético ou cinzas volantes (um material que sobra da queima de carvão), em vez de gesso natural. Em ambos os casos vai economizar energia, reduzir o desperdício e minimizar o impacto ambiental da mineração da gipsita (gesso).

### Colas

As colas usadas no piso, em armários e na mobília podem conter mais produtos químicos nocivos do que os materiais que elas colam. Por esse motivo, é melhor empregar técnicas de instalação que evitem o uso de colas, sempre que possível. Se for necessário usá-las em seu projeto, tente selecionar marcas derivadas de água ou de vegetais. Você reduzirá a emissão de produtos nocivos em mais de 99%, em comparação com as colas que contêm solventes derivados de petróleo.

### Declives

Se você está planejando construir sua casa em um terreno em declive, pode reduzir os efeitos da erosão e poupar dinheiro e energia instalando a estrutura no ponto mais plano do terreno. Aplainar um terreno resulta em perda excessiva da camada superior do solo, sedimentação e poluição da água. Além disso, o uso de equipamentos para mover a terra é caro e demanda muita energia. Tente evitar a erosão dos declives mantendo a vegetação natural dos morros, construindo barreiras contra deslizamentos e plantando arbustos nativos e árvores.

### Energia solar

Instale painéis solares e consiga energia grátis do sol. Painéis solares podem ser caros para se instalar, mas eles se pagam em cerca de 10 anos de uso. Por dia, mais energia solar chega à Terra do que a energia total que os 6,6 bilhões de habitantes do planeta consumiriam em 27 anos. Atualmente, usamos apenas cerca de 1% de energia solar.

### Erosão/Sedimentação

Limite a remoção da vegetação durante a construção da sua casa, para ajudar a evitar a erosão. A erosão é uma das principais causas da poluição dos rios, lagos e córregos.

### Escolha do terreno

Opte por um lugar para morar que minimize as distâncias que você percorre para o trabalho, a escola, as compras, etc. Se você construir sua casa em um lugar 1,5km mais próximo do seu trabalho, percorrerá 800km a menos por ano e economizará 75 litros de gasolina. Se 1 em cada 10 compradores de casas novas escolhesse um ponto que diminuísse suas viagens em 1,5km tanto na ida quanto na volta para o trabalho, 9 milhões de litros de gasolina seriam economizados por ano – o bastante para se percorrer mais de 10 mil vezes, de carro, a distância entre Los Angeles e Nova York.

## Garagem

Construa uma garagem separada ou, pelo menos, a isole bem do resto da casa, e você vai melhorar a qualidade do ar. A poluição dentro de ambientes fechados traz doenças. Problemas com a qualidade do ar custam às empresas americanas 150 milhões de dias de trabalho e cerca de US$15 bilhões em perdas na produtividade por ano.

## Iluminação

Instale sistemas de iluminação mais eficientes, como aqueles com sensores de movimento e controles de intensidade da luz. Além disso, não se esqueça de usar lâmpadas fluorescentes. Você pode economizar US$35 por ano se trocar apenas quatro lâmpadas convencionais, incandescentes, por fluorescentes compactas, que usam 66% menos eletricidade. Se cada lar americano trocasse apenas uma lâmpada convencional por outra mais eficiente, a eletricidade poupada daria para iluminar mais de 2,5 milhões de casas por um ano e evitar a emissão de gases do efeito estufa.

## Isolamento

Tanto para casas novas quanto para as que já existem, escolha isolamento feito de jornais reciclados, vidro e outros materiais recuperados. Para produzir isolamento de matéria-prima reciclada gasta-se menos de um sexto da energia usada para fabricar isolamento de fibra de vidro. Se cada casa nova construída nos Estados Unidos este ano usasse isolamento reciclado, a energia poupada poderia aquecer e refrigerar 35 mil casas pelos próximos 17 anos.

## Isolamento térmico

Você pode criar uma película eficiente de isolamento em sua casa usando materiais de construção que evitem o escapamento de ar e fechando rachaduras que permitam o vazamento de ar e de umidade. Isso poderia reduzir seus custos de refrigeração e de aquecimento em cerca de 2.250kWh e US$180 por ano.

### Janelas

Compre janelas duplas, de acordo com o seu clima. Isso pode economizar até US$400 por ano em custos de energia. Se cada casa economizasse essa quantidade de eletricidade, instalando janelas mais eficientes, US$110 milhões por dia deixariam de voar pela janela.

### Ladrilhos, tijolos e telhas de vidro

Compre ladrilhos, tijolos e telhas de vidro 100% reciclado. Se mais 15% das telhas compradas por ano fossem feitas de vidro reciclado em vez de cerâmica, a energia economizada permitiria o fechamento de 5 usinas alimentadas por carvão e altamente poluentes.

### Linóleo x vinil

O linóleo é feito de recursos naturais, enquanto pisos de vinil são feitos de plástico, derivado do petróleo. Se apenas 1% dos pisos vendidos nos Estados Unidos por ano fossem de linóleo em vez de vinil, o petróleo economizado seria o equivalente a 600 mil barris – quase tanto quanto o país importa diariamente do Iraque.

### Madeira

Caso você construa uma casa de madeira, poderia salvar cerca de 88 árvores escolhendo madeira reciclada. Como a maior parte dela provém de árvores antigas, ela é de melhor qualidade que a madeira convencional e pode durar três a quatro vezes mais. Se o madeireiro local não tiver madeira reciclada, tente comprar uma que seja certificada pelo FSC, o Conselho de Manejo Florestal. Assim, você assegurará que a madeira que comprou foi colhida de maneira sustentável – sem agredir habitats frágeis, fontes de água ou comunidades indígenas.

Mais de 46 milhões de hectares de florestas em 61 países já receberam certificados do FSC.

## Madeira tratada

Como uma alternativa à madeira tratada para terraços, paisagismo ou bancos, escolha plástico reciclado. Você evitará o vazamento de produtos químicos tóxicos da madeira tratada no solo e na água subterrânea, salvará árvores e evitará que mais plástico vá para o lixo. Se apenas 1% da madeira comprada para terraços residenciais a cada ano fosse substituída por plástico, a economia total seria equivalente a mais de 1 bilhão de garrafas plásticas e 400 hectares de florestas.

## Material absorvente

Para pátios e corredores, pense em colocar cascalho, lascas de madeira, conchas ou outros materiais recuperados, que ajudam a água a ser absorvida pelo solo. Dependendo do clima local, você pode reduzir a perda de água da sua propriedade em milhares de litros por ano, além de evitar certos tipos de poluição da água.

## Móveis

A melhor opção é comprar móveis usados, reformados ou antiguidades. Provavelmente você pagará menos do que pagaria por móveis novos e ainda poupará a matéria-prima e a energia usadas na fabricação. Além disso, evitará que móveis velhos sejam jogados em lixões. Se você não conseguir achar peças antigas de que goste, tente comprar mobiliário novo feito de materiais sustentáveis, como madeira certificada pelos órgãos de proteção ambiental. Tente evitar os móveis feitos de certos tipos de madeira, como teca, tsuga, mogno e jacarandá. A derrubada desses tipos de árvore contribui muito para o desmatamento.

## Orientação

Você pode economizar energia escolhendo uma casa onde a maior parte das janelas dê para o norte ou para o sul. Evite construir ou comprar uma casa com a maior parte das janelas viradas para oeste, pois assim elas receberão a luz direta do sol durante a parte mais quente do dia, o que pode aumentar seus gastos com refrigeração em 25%.

## Paisagismo

Mantenha o seu terreno plantado com o que cresce naturalmente na sua região. A vegetação nativa não precisa ser constantemente aparada, ao contrário dos gramados. Cortadores de grama e outros equipamentos de jardinagem a gasolina são responsáveis por 5% da poluição do ar nos Estados Unidos, pois usam aproximadamente 2,2 bilhões de litros de gasolina por ano. Um cortador de grama a gasolina emite 11 vezes mais poluição por hora de funcionamento do que um carro novo.

## Pavimento poroso

Pense em usar uma pavimentação porosa em vez de asfalto na entrada de sua garagem. O pavimento poroso não deixa que a água escorra, reduz os problemas de drenagem e evita que poluentes contaminem a água subterrânea.

## Pisos de madeira

Escolha bambu como uma alternativa atraente, acessível e sustentável aos pisos de madeira convencionais e você salvará árvores antigas que podem ter começado a crescer antes do nascimento de seus avós. O bambu se regenera em menos de sete anos, então ele pode ser colhido continuamente. Se cada piso de madeira comprado este ano – quase 93 milhões de $m^2$ – fosse substituído por um feito de bambu, o volume de madeira poupada daria a cada cidade, vilarejo e vila americanos 3 hectares de floresta de árvores antigas.

### Sistemas de refrigeração e de aquecimento

Instale termostatos programáveis em seus sistemas de refrigeração e de aquecimento. Um termostato programável pode economizar US$100 por ano em custos de eletricidade. Se apenas uma em cada 10 casas fizesse isso, evitaríamos a emissão de 8 milhões de toneladas de gases do efeito estufa.

### Solo

Empilhe a camada superior do solo que é retirada para a construção das fundações da sua casa e depois a reaplique em áreas em que você pretende fazer um trabalho de paisagismo. Você poupará a energia e o dinheiro que seriam gastos para transportar esse solo para uma central de reciclagem ou para um aterro sanitário. Se você precisar de mais solo, use ou compre um composto 100% reciclado.

### Sombra

Você pode reduzir os seus custos de refrigeração em até 25% construindo calhas maiores, plantando árvores frondosas, fazendo um caramanchão ou instalando toldos para sombrear sua casa. Para uma casa média, a economia poderia ser de 700kWh por ano. Em 5% das casas americanas, a economia anual de energia advinda da intensificação da sombra poderia chegar a 2 bilhões de kWh.

### Tapetes

Em vez de comprar tapetes feitos de fibras sintéticas, você pode economizar a energia usada na produção e reduzir as emissões tóxicas escolhendo tapetes produzidos a partir de material reciclado, como garrafas plásticas.

### Tecidos

Escolha tecidos reciclados para seus sofás, cadeiras, estofados e cortinas. Se metade dos tecidos de poliéster feitos nos Estados Unidos todos os anos fosse produzida com material reciclado, seria o suficiente para se cobrir o estado de Nova York inteiro.

### Telhado

Use telhados de cores claras, feitos de material reciclado. Você diminuirá o calor em sua casa, mantendo-a mais fresca no verão. Noventa por cento dos telhados americanos são de cores escuras. Um telhado mais frio se traduz em economia no ar-condicionado no verão, reduzindo a demanda por eletricidade e diminuindo a poluição do ar e a emissão de gases do efeito estufa.

### Telhado de alta reflexão

Se você estiver construindo uma casa nova ou instalando um telhado novo, escolha material de alta reflexão de luz e calor. Você pode economizar uma média de 1.100kWh de energia por ano em custos de refrigeração.

### Tinta

Cada litro de tinta 100% reciclada que você compra evita que 1 litro de tinta seja jogado em um depósito de lixo tóxico. Tinta reciclada normalmente custa entre 30 e 50% a menos que tinta virgem. Se não encontrar tinta reciclada, escolha tinta de látex em vez de tinta a óleo, especialmente para uso no interior. Ela libera menos toxinas, contém menor quantidade de petroquímicos e é mais fácil de descartar.

### Vasos sanitários com descarga dupla

Se puder comprar um modelo deste tipo, você economizará bastante água. Eles vêm com duas opções de descarga: a primeira usa

3 litros de água e a segunda 6 litros (para descartar mais material). Isso pode reduzir o uso de água em até 67%, comparado com o vaso sanitário convencional, que lança cerca de 12 litros em uma única descarga. Se todas as casas tivessem um vaso com esse sistema, a economia de uma única descarga por casa seria equivalente à quantidade de água usada nos vasos sanitários dos estádios durante toda a temporada de beisebol nos Estados Unidos.

"A viagem que fiz recentemente à África foi uma experiência que abriu meus olhos. Visitei um lugar sobre o qual jamais havia pensado, vi muitas coisas e tive vontade de ajudar. Foi um aprendizado.

Muitas coisas me marcaram, porque existem tantos problemas e pessoas que precisam de ajuda. Tudo passa pelo meio ambiente e por nossa relação com ele – e o que podemos fazer para ajudar.

A água é uma questão importantíssima, assim como a comida. É fundamental pensar em saneamento e em como sua falta pode trazer doenças.

Queria poder salvar o mundo. Qualquer pessoa sensível que veja as estatísticas vai querer contribuir o máximo possível. Mas é importante perceber que se trata de uma maratona, não de uma corrida de curta distância. Por isso quis fazer o que achei que funcionaria melhor com meu tempo e minha energia.

Eu estava gravando um disco na época e sabia que uma turnê de verão seria organizada para promovê-lo. Assim, fazia sentido controlar a emissão de carbono durante a turnê. Coincidia com a minha agenda.

> Nunca tinha pensado em quanto se emite de gás carbônico numa turnê, quanto aqueles caminhões sujam o ambiente. Normalmente, não pensamos nesse tipo de poluição. Assim, aqui estou eu, saindo em turnê e pensando que o controle do carbono deixará uma marca positiva na minha pegada.”
>
> **Justin Timberlake**,
> cantor e ator

12

# Neutralize seu carbono

## Etiqueta verde é isso aí

### QUADRO GERAL

O aquecimento global é uma realidade. A temperatura média da atmosfera da Terra está subindo, e essa pequena mudança provoca um imenso transtorno no planeta: as calotas polares derretem, o nível dos mares sobe, ocorrem inundações. O aquecimento global aumenta a intensidade das tempestades e de outros fenômenos climáticos.

Ele funciona assim: o Sol aquece a atmosfera da Terra todos os dias. Esse calor chega à superfície do planeta, bate e volta para o espaço. Parte dele, no entanto, fica presa, o que é bom porque sem ele... Bem, lembra a Era Glacial? Mas isso se torna um problema quando muito do calor fica na atmosfera. Pense em um deserto com um calor inclemente.

Um dos elementos que prendem mais calor na atmosfera da Terra é o carbono – especificamente na forma de dióxido de carbono. E isso ocorre por nossa causa e de nossas atividades. Quando o petróleo, a gasolina ou o gás natural são queimados, carbono é lançado na atmosfera. Então, quando dirigimos nossos carros, acendemos as luzes ou fabricamos produtos, emitimos mais carbono. Você não precisa ser cientista para entender que, desde o início da humanidade, fazemos cada vez mais tudo isso.

As árvores entram na história porque elas sugam o carbono e o devolvem para nós, na forma de oxigênio. Mas, à medida que cortamos mais árvores para fabricar papel e artigos de madeira, como móveis e material de construção, ou quando abrimos clareiras para criar gado, temos cada vez menos ajuda "natural" para tirar o carbono do ar.

É aí que nós entramos. Podemos reduzir a quantidade de carbono que lançamos na atmosfera seguindo algumas dicas deste livro. Ou podemos ir além, "compensando" as nossas próprias emissões de carbono.

Podemos neutralizar a quantidade de carbono pela qual cada um de nós é responsável comprando créditos de carbono. Esses créditos são destinados ao plantio de árvores que vão tirar da atmosfera o carbono que usamos, ou são aplicados em projetos de "energia limpa", como a eólica ou a solar. Quanto mais aproveitarmos a energia limpa, menos precisaremos da energia que causa a liberação de carbono.

Os cientistas desenvolveram métodos para calcular a quantidade de carbono que cada pessoa utiliza no dia a dia. E, ao computar essa contribuição individual, é possível escolher maneiras de neutralizá-la.

Funciona assim: se você produz 135kg de dióxido de carbono por mês ao dirigir seu carro, pode comprar a mesma quantidade de certificados de carbono para neutralizar suas emissões. Esses certificados são vendidos por empresas que investem em energia limpa e no plantio de árvores.

A neutralização do carbono, que algumas pessoas chamam de "colocar a etiqueta verde", é importante pela seguinte razão: se as geleiras continuarem a derreter no ritmo atual, cidades como Los Angeles, Nova York, Miami, Nova Orleans e Londres ficarão completamente submersas, sem falar das outras centenas de cidades costeiras pelo mundo.

No interior, ocorrerá estiagem, e logo virão crises de abastecimento de água e de comida. Os incêndios serão maiores, matando plantas e animais. Os surtos de doenças serão mais intensos porque as pessoas serão forçadas a viver mais próximas umas das outras e haverá menos recursos naturais. O planeta começará, literalmente, a morrer.

Parece o roteiro de um filme de ficção científica, mas não é. É o cenário que precisaremos enfrentar num futuro próximo.

A neutralização do carbono demanda mais esforço do que uma simples mudança de hábito – e custa dinheiro. Às vezes, não muito, mas, como já vimos, pequenas coisas somadas podem ter um impacto significativo.

## Passos simples

1. **Neutralize o carbono de suas viagens aéreas.** Cada 1km que você voa emite 180g de dióxido de carbono. Então, se você fizer uma viagem de cerca de 5.000km, produzirá quase 1 tonelada de dióxido de carbono.
2. **Neutralize o carbono de seu deslocamento de carro.** Se você tiver um carro pequeno, pode rodar até 12km por litro. Cada litro de gasolina usado emite mais de 2kg de dióxido de carbono. É só fazer as contas e calcular o total de carbono que seu carro emite ao longo de um ano. Há diversos sites que ensinam a calcular a emissão de carbono do seu carro.
3. **Neutralize o carbono que você emite em casa.** Se você usa eletricidade, então vai emitir em média 600g de dióxido de carbono por kWh.

4. **Calcule sua pegada.** Para que você possa calcular de forma individual o tamanho de sua "pegada" no planeta, acesse o site www.autovisao.com.br/calculadora. Faça suas contas e escolha a forma de compensação. Você pode plantar árvores ou apoiar as entidades que atuam no reflorestamento.

## PEQUENAS COISAS

### A pé ou de bicicleta

Ande ou pedale e reduza a zero a emissão de carbono a partir de combustíveis fósseis.

### Ar-condicionado

Aumente um pouco a temperatura de seu ar-condicionado e você economizará cerca de 100kg de carbono por ano.

### Carro

Mesmo que na sua cidade a inspeção veicular não seja obrigatória, procure levar seu carro à concessionária nas datas de revisão para que, se necessário, o motor seja regulado. Com isso, você estará colaborando com o meio ambiente.

### Isolamento

Isole suas portas e janelas e economize, em eletricidade, o equivalente a 725kg de carbono por ano. Coloque uma película isolante no aquecedor de água da sua casa e poupe, em gás natural, 115kg de carbono.

## Lâmpadas

Troque as lâmpadas incandescentes convencionais por compactas fluorescentes (lâmpadas compactas fluorescentes de 27W substituem as incandescentes de 75W; lâmpadas compactas fluorescentes de 18W substituem incandescentes de 60W). Para cada lâmpada fluorescente de 27W, você economizará 63kg por ano em emissões de carbono.

## Recicle

A reciclagem também significa economia: 10 latas de alumínio ou de aço recicladas poupam 1,8kg de carbono, e 10 garrafas de vidro recicladas poupam 1,3kg de carbono. Se você recicla jornais, pode economizar mais de 22kg de carbono por ano.

## Transporte público

Pegue um ônibus. Um ônibus emite cerca de 750g de carbono a cada 1km – dividido pelo número de passageiros, isso pode significar uma boa economia de carbono.

O objetivo, claro, é chegar o mais perto possível de emissões zero de carbono.

**Se todos agíssemos assim, salvaríamos o planeta.**

# Agradecimentos

**O livro verde** não teria sido possível sem Colleen Howell, Ph.D., que nos ajudou a amarrar todas as informações. Muito obrigado. Cameron Diaz e William McDonough ajudaram a criar este livro antes mesmo de ele ser um livro. Um agradecimento especial a eles. Susan Raihofer foi um presente para nós, com seu incentivo e sua orientação. Skye Hoppus foi fundamental para a concretização deste livro. Também gostaríamos de agradecer a cada um de nossos colaboradores por seu tempo, sua atenção e, claro, suas histórias pessoais, hilárias, profundas e intrigantes: Ellen DeGeneres, Robert Redford, Will Ferrell, Jennifer Aniston, Tim McGraw, Faith Hill, Martha Stewart, Tyra Banks, Dale Earnhardt Jr., Tiki Barber, Owen Wilson e Justin Timberlake. E, por seu apoio, amizade, orientação, aconselhamento e paciência, obrigado a Andrew Beebe, Peter Berg, Mary Choteborsky, Billy Connelly, Julie Darmody, Joyce Deep, Keith Estabrook, Stanley Fields, Tierney Gearon, Jade Gurss, James Joaquin, Zem Joaquin, Debbie Levin, Mark Lepselter, Matti Leshem, Jesse Lutz, Carolyn McGuinness, Linda Meltzer, Gaby Morgerman, Michael Muller, Elise Peach, Margaret Sanders, Jennifer Sbranti, Liana Schwarz, Ina Treciokas, Elana Weiss, Rachel Yarbrough, Julie Yorn e Kevin Yorn.

# Informações sobre os próximos lançamentos

Para receber informações sobre os lançamentos da EDITORA SEXTANTE, basta cadastrar-se diretamente no site www.sextante.com.br

Para saber mais sobre nossos títulos e autores, e enviar seus comentários sobre este livro, visite o nosso site www.sextante.com.br ou mande um e-mail para atendimento@esextante.com.br

EDITORA SEXTANTE
Rua Voluntários da Pátria, 45 / 1.404 – Botafogo
Rio de Janeiro – RJ – 22270-000 – Brasil
Telefone (21) 2538-4100 – Fax (21) 2286-9244
E-mail: atendimento@esextante.com.br